中国重要农业文化遗产系列读本

浙江绍兴
会稽山古香榧群

ZHEJIANG SHAOXING

KUAIJISHAN GUXIANGFEIQUN

闵庆文　邵建成◎丛书主编

王　斌　闵庆文◎主编

中国农业出版社

图书在版编目（CIP）数据

浙江绍兴会稽山古香榧群 / 王斌，闵庆文主编. -- 北京：
中国农业出版社，2014.10
（中国重要农业文化遗产系列读本 / 闵庆文，邵建成主编）
ISBN 978-7-109-19569-1

Ⅰ.①浙… Ⅱ.①王… ②闵… Ⅲ.①香榧—介绍—绍兴市
Ⅳ.① S664.5

中国版本图书馆CIP数据核字（2014）第226375号

中国农业出版社出版
（北京市朝阳区麦子店街18号楼）
（邮政编码 100125）
责任编辑 张丽四

北京中科印刷有限公司印刷 新华书店北京发行所发行
2015年10月第1版 2015年10月北京第1次印刷

开本：710mm×1000mm 1/16 印张：11.75
字数：258千字
定价：39.00元
（凡本版图书出现印刷、装订错误，请向出版社发行部调换）

编写委员会

丛书主编： 闵庆文　邵建成

主　　编： 王　斌　闵庆文

副 主 编： 张校军　陈锦宇　白艳莹

编　　委（按姓名笔画排序）：

水茂兴　史媛媛　刘茉承　张　龙

张荣锋　赵　刚　袁　正　徐远涛

梁秀华　焦雯珺

丛书策划： 宋　毅　刘博浩

重要农业文化遗产是沉睡农耕文明的呼唤者，是濒危多样物种的拯救者，是悠久历史文化的传承者，是可持续性农业的活态保护者。

重要农业文化遗产——源远流长

回顾历史长河，重要农业文化遗产的昨天，源远流长，星光熠熠，悠久历史积淀下来的农耕文明凝聚着祖先的智慧结晶。中国是世界农业最早的起源地之一，悠久的农业对中华民族的生存发展和文明创造产生了深远的影响，中华文明起源于农耕文明。距今1万年前的新石器时代，人们学会了种植谷物与驯养牲畜，开始农业生产，很多人类不可或缺的重要农作物起源于中国。

《诗经》中描绘了古时农业大发展，春耕夏耘秋收的农耕景象："畟畟良耜，俶载南亩。播厥百谷，实函斯活。或来瞻女，载筐及筥，其饟伊黍。其笠伊纠，其镈斯赵，以薅荼蓼。荼蓼朽止，黍稷茂止。获之挃挃，积之栗栗。其崇如墉，其比如栉。以开百室，百室盈止。"又有诗云"绿遍山原白满川，子规声里雨如烟。乡村四月闲人少，才了蚕桑又插田"。《诗经·周颂》云"载芟，春籍田而祈社稷也"，每逢春耕，天子都要率诸侯行观耕藉田礼。至此中华五千年沉淀下了悠久深厚的农耕文明。

农耕文明是我国古代农业文明的主要载体，是孕育中华文明的重要组成部分，是中华文明立足传承之根基。中华民族在长达数千年的生息发展过程中，凭借着独特而多样的自然条件和人类的勤劳与智慧，创造了种类繁多、特色明显、经济与生态价值高度统一的传统农业生产系统，不仅推动了农业的发展，保障了百姓的生计，促进了社会的进步，也由此衍生和创造了悠久灿烂的中华文明，是老祖宗留给我们的宝贵遗产。千岭万壑中鳞次栉比的梯田，烟波浩渺的古茶庄园，波光粼粼和谐共生的稻鱼系统，广袤无垠的草原游牧部落，见证着祖先吃苦耐劳和生生不息的精神，孕育着自然美、生态美、人文美、和谐美。

重要农业文化遗产——传承保护

时至今日，我国农耕文化中的许多理念、思想和对自然规律的认知，在现代生活中仍具有很强的应用价值，在农民的日常生活和农业生产中仍起着潜移默化的作用，在保护民族特色、传承文化传统中发挥着重要的基础作用。挖掘、保护、传承和利用我国重要农业文化遗产，不仅对弘扬中华农业文化，增强国民对民族文化的认同感、自豪感，以及促进农业可持续发展具有重要意义，而且把重要农业文化遗产作为丰富休闲农业的历史文化资源和景观资源加以开发利用，能够增强产业发展后劲，带动遗产地农民就业增收，实现在利用中传承和保护。

习近平总书记曾在中央农村工作会议上指出，"农耕文化是我国农业的宝贵财富，是中华文化的重要组成部分，不仅不能丢，而且要不断发扬光大"。2015年，中央一号文件指出要"积极开发农业多种功能，挖掘乡村生态休闲、旅游观光、文化教育价值。扶持建设一批具有历史、地域、民族特点的特色景观旅游村镇，打造形式多样、特色鲜明的乡村旅游休闲产品"。2015政府工作报告提出"文化是民族的精神命脉和创造源泉。要践行社会主义核心价值观，弘扬中华优秀传统文化。重视文物、非物质文化遗产保护"。当前，深入贯彻中央有关决策部署，采取切实可行的措施，加快中国重要农业文化遗产的发掘、保护、传承和利用工作，是各级农业行政管理部门的一项重要职责和使命。

由于尚缺乏系统有效的保护，在经济快速发展、城镇化加快推进和现代技术应用的过程中，一些重要农业文化遗产正面临着被破坏、被遗忘、被抛弃的危险。近年来，农业部高度重视重要农业文化遗产挖掘保护工作，按照"在发掘中保护、在利用中传承"的思路，在全国部署开展了中国重要农业文化遗产发掘工作。发掘农业文化遗产的历史价值、文化和社会功能，探索传承的途径、方法，逐步形成中国重要农业文化遗产动态保护机制，努力实现文化、生态、社会和经济效益的统一，推动遗产地经济社会协调可持续发展。组建农业部全球重要农业文化遗产专家委员会，制定《中国重要农业文化遗产认定标准》《中国重要农业文化遗产申报书编写导则》和《农业文化遗产保护与发展规划编写导则》，指导有关省区市积极申报。认定了云南红河哈尼稻作梯田系统、江苏兴化垛田传统农业系统等39个中国重要农业文化遗产，其中全球重要农业文化遗产11个，数量占全球重要农业文化遗产总数的35%，目前，第三批中国重要农业文化遗产发掘工作也已启动。这些遗产包括传统稻作系统、特色农业系统、复合农业系统和传统特色果园等多种类型，具有悠久的历史渊源、独特的农业产品、丰富的生物资源、完善的知识技术体系以及较高的美学和文化价值，在活态性、适应性、复合性、战略性、多功能性和濒危性等方面具有显著特征。

重要农业文化遗产——灿烂辉煌

重要农业文化遗产有着源远流长的昨天，现今，我们致力于做好传承保护工作，相信未来将会迎来更加灿烂辉煌的明天。发掘农业文化遗产是传承弘扬中华文化的重要内容。农业文化遗产蕴含着天人合一、以人为本、取物顺时、循环利用的哲学思想，具有较高的经济、文化、生态、社会和科研价值，是中华民族的文化瑰宝。

未来工作要强调对于兼具生产功能、文化功能、生态功能等为一体的农业文化遗产的科学认识，不断完善管理办法，逐步建立"政府主导、多方参与、分级管理"的体制；强调"生产性保护"对于农业文化遗产保护的重要性，逐步建立农业文化遗产的动态保护与适应性管理机制，探索农业生态补偿、特色优质农产品开发、休闲农业与乡村旅游发展等方面的途径；深刻认识农业文化遗产保护的必要性、紧迫性、艰巨性，探索农业文化遗产保护与现代农业发展协调机制，特别要重视生态环境脆弱、民族文化丰厚、经济发展落后地区的农业文化遗产发掘、确定与保护、利用工作。各级农业行政管理部门要加大工作指导，对已经认定的中国重要农业文化遗产，督促遗产所在地按照要求树立遗产标识，按照申报时编制的保护发展规划和管理办法做好工作。要继续重点遴选重要农业文化遗产，列入中国重要农业文化遗产和全球重要农业文化遗产名录。同时要加大宣传推介，营造良好的社会环境，深挖农业文化遗产的精神内涵和精髓，并以动态保护的形式进行展示，能够向公众宣传优秀的生态哲学思想，提高大众的保护意识，带动全社会对民族文化的关注和认知，促进中华文化的传承和弘扬。

由农业部农产品加工局（乡镇企业局）指导，中国农业出版社出版的"中国重要农业文化遗产系列读本"是对我国农业文化遗产的一次系统真实的记录和生动的展示，相信丛书的出版将在我国重要文化遗产发掘保护中发挥重要意义和积极作用。未来，农耕文明的火种仍将亘古延续，和天地并存，与日月同辉，发掘和保护好祖先留下的这些宝贵财富，任重道远，我们将在这条道路上继续前行，力图为人类社会发展做出新贡献。

农业部党组成员

序言

2

自人类历史文明以来，勤劳的中国人民运用自己的聪明智慧，与自然共融共存，依山而住、傍水而居，经一代代的努力和积累创造出了悠久而灿烂的中华农耕文明，成为中华传统文化的重要基础和组成部分，并曾引领世界农业文明数千年，其中所蕴含的丰富的生态哲学思想和生态农业理念，至今对于国际可持续农业的发展依然具有重要的指导意义和参考价值。

针对工业化农业所造成的农业生物多样性丧失、农业生态系统功能退化、农业生态环境质量下降、农业可持续发展能力减弱、农业文化传承受阻等问题，联合国粮农组织（FAO）于2002年在全球环境基金（GEF）等国际组织和有关国家政府的支持下，发起了"全球重要农业文化遗产（GIAHS）"项目，以发掘、保护、利用、传承世界范围内具有重要意义的，包括农业物种资源与生物多样性、传统知识和技术、农业生态与文化景观、农业可持续发展模式等在内的传统农业系统。

全球重要农业文化遗产的概念和理念甫一提出，就得到了国际社会的广泛响应和支持。截至2014年底，已有13个国家的31项传统农业系统被列入GIAHS保护名录。经过努力，在今年6月刚刚结束的联合国粮农组织大会上，已明确将GIAHS工作作为一项重要工作，并纳入常规预算支持。

中国是最早响应并积极支持该项工作的国家之一，并在全球重要农业文化遗产申报与保护、中国重要农业文化遗产发掘与保护、推进重要农业文化遗产领域的国际合作、促进遗产地居民和全社会农业文化遗产保护意识的提高、促进遗产地经济社会可持续发展和传统文化传承、人才培养与能力建设、农业文化遗产价值评估和动态保护机制与途径探索等方面取得了令世人瞩目的成绩，成为全球农业文化遗产保护的榜样，成为理论和实践高度融合的新的学科生长点、农业国际合作的特色工作、美丽乡村建设和农村生态文明建设的重要抓手。自2005年"浙江青田稻鱼共生系统"被列为首批"全球重要农业文化遗产系统"以来的10年间，我国已拥有11个全球重要农业文化遗产，居于世界各国之首；2012年开展中国重要农业文化遗产发掘与保护，2013年和2014年共有39个项目得到认定，成为最早开展国家级农业文化遗产发掘与保护的国家；重要农业文化遗产管理的体制与机制趋于完善，并初步建立了"保护优先、合理利用，整体保护、协调发展，动态保护、功能拓展，多方参与、惠益共享"的保护方针和"政府主导、分级管理、多方参与"的管理机制；从历史文化、系统功能、动态保护、发展战略等方面开展了多学科综合研究，初步形成了一支包括农业历史、农业生态、农业经济、农业政策、农业旅游、乡村发展、农业民俗以及民族学与人类学等领域专家在内的研究队伍；通过技术指导、示范带动等多种途径，有效保护了遗产地农业生物多样性与传统文化，促进了农业与农村的可持续发展，提高了农户的文化自觉性和自豪感，改善了农村生态环境，带动了休闲农业与乡村旅游的发展，提高了农民收入与农村经济发展水平，产生了良好的生态效益、社会效益和经济效益。

习近平总书记指出，农耕文化是我国农业的宝贵财富，是中华文化的重要组成部分，不仅不能丢，而且要不断发扬光大。农村是我国传统文明的发源地，乡土文化的根不能断，农村不能成为荒芜的农村、留守的农村、记忆中的故园。这是对我国农业文化遗产重要性的高度概括，也为我国农业文化遗产的保护与发展指明了方向。

　　尽管中国在农业文化遗产保护与发展上已处于世界领先地位，但比较而言仍然属于"新生事物"，仍有很多人对农业文化遗产的价值和保护重要性缺乏认识，加强科普宣传仍然有很长的路要走。在农业部农产品加工局（乡镇企业局）的支持下，中国农业出版社组织、闵庆文研究员担任丛书主编的这套"中国重要农业文化遗产系列读本"，无疑是农业文化遗产保护宣传方面的一个有益尝试。每本书均由参与遗产申报的科研人员和地方管理人员共同完成，力图以朴实的语言、图文并茂的形式，全面介绍各农业文化遗产的系统特征与价值、传统知识与技术、生态文化与景观以及保护与发展等内容，并附以地方旅游景点、特色饮食、天气条件。可以说，这套书既是读者了解我国农业文化遗产宝贵财富的参考书，同时又是一套农业文化遗产地旅游的导游书。

　　我十分乐意向大家推荐这套丛书，也期望通过这套书的出版发行，使更多的人关注和参与到农业文化遗产的保护工作中来，为我国农业文化的传承与弘扬、农业的可持续发展、美丽乡村的建设作出贡献。

　　是为序。

李文华

中国工程院院士

联合国粮农组织全球重要农业文化遗产指导委员会主席

农业部全球/中国重要农业文化遗产专家委员会主任委员

中国农学会农业文化遗产分会主任委员

中国科学院地理科学与资源研究所自然与文化遗产研究中心主任

2015年6月30日

前言

绍兴已有2 500多年的建城史，是国务院公布的首批历史文化名城、首批中国优秀旅游城市、联合国人居奖城市，也是著名的水乡、桥乡、酒乡、兰乡、书法之乡、戏曲之乡、名士之乡，素称"文物之邦、鱼米之乡"。会稽山主脉在绍兴市的诸暨市、嵊州市、柯桥区、越城区以及金华市的东阳市，山高岭峻，云雾缭绕，温湿凉爽，适宜榧树生长，是浙江香榧的主产区。

会稽山古香榧群面积约402平方千米，现有结实香榧大树10.5万株，其中树龄百年以上的古香榧有7.2万余株，千年以上的有数千株，现存最古老的香榧树栽植于公元445年。绍兴先民从野生榧树中经人工选择和嫁接培育形成了香榧这一优良品种；古香榧树历经千年仍硕果累累，堪称古代良种选育和嫁接技术的"活标本"；"香榧树-梯田-林下作物"的复合经营体系，构成了独特的水土保持和高效产出的陡坡山地利用系统；古香榧树与古村落、小溪、山岚等构成了一幅幅令人赏心悦目的画图，并成为文学作品与民间文化的重要源泉。2013年，"浙江绍兴会稽山古香榧群"以其悠久的栽培历史、古老的嫁接技术、高效的经营体系，成功入选联合国粮农组织全球重要农业文化遗产（GIAHS）名录和农业部首批中国重要农业文化遗产（China-NIAHS）名录。2014年，经过市民投票和专家评审，香榧被正式确定为绍兴"市树"。

本书是中国农业出版社生活文教分社策划出版的"中国重要农业文化遗产系列读本"之一，旨在为广大读者打开一扇了解绍兴会稽山古香榧群这一重要农业文化遗产的窗口，提高全社会对农业文化遗产及其价值的认识和保护意识。全书包括八个部分："引言"介绍了会稽山古香榧群的概况；"榧树、香榧和古香榧群"介绍了榧树的分类和利用历史、榧树到香榧的发展演变及会稽山古香榧群的主要特点；"会稽飘香"介绍了香榧的食用、药用价值以及在促进地方经济发展和文化传承方面的重要作用；"人与自然和谐发展的典范"介绍了会稽山古香榧群丰富的生物多样性、独特的山地利用系统及重要的生态服务功能；"从舌尖留香到百世流芳"介绍了相关的民间传说、故事和歌谣等；"完善的知识技术体系"介绍了香榧嫁接、管理、采摘及加工的生产经营知识体系与适应性技术；"香榧文化与产业发展未来之路"介绍了保护与发展中面临的问题、机遇与对策等；"附录"部分简要介绍了遗产地旅游资讯、遗产保护大事记以及全球/中国重要农业文化遗产名录。

本书是在会稽山古香榧群农业文化遗产申报文本、保护与发展规划的基础上，通过进一步调研编写完成的，是集体智慧的结晶。全书由闵庆文、王斌设计框架，闵庆文、王斌、张校军、陈锦宇、白艳莹统稿。本书编写过程中，得到了李文华院士的具体指导及绍兴市有关部门和领导的大力支持，在此一并表示感谢！

由于水平有限，难免存在不当甚至谬误之处，敬请读者批评指正。

编　者

2015年7月12日

目　录

　　会稽（kuài jī）山地处浙江省东北部，主脉在绍兴市的诸暨市、嵊州市、柯桥区、越城区以及金华的东阳市。山体呈西南—东北走向，为浦阳江和曹娥江的分水岭。其山脉南北长约95千米，东西宽约35千米，地形起伏较大，平均海拔500米，主峰东白山海拔1 194.6米。会稽山文化积淀深厚，是中国历代帝王加封祭祀的著名镇山之一（南镇）、古代九大名山之首、中国山水诗的重要发源地之一，也是中国农耕文化的传承地、佛教道教重要胜地及浙东唐诗之路的门户。

　　会稽山原名茅山，会稽之名来自于我国古代治水英雄、夏朝开国圣君——大禹。相传在治水成功后，大禹大会天下诸侯，稽功行赏于此山。根据《越绝书》的说法："禹始也，忧民救水，到大越，上茅山，大会计，爵有德，封有功，更名茅山曰会稽。"禹薨后葬于会稽山麓。大禹一生行迹，有四件大事都与会稽山有关，分别是封禅、娶亲、计功、归葬。大禹被后人尊为我国第一个王朝夏朝的创始者，因此会稽山也就格外受到先秦时

会稽山

期古人的尊崇。从古越人时代开始，会稽山就具有了发达的农业文明，大禹选择在会稽山"会稽诸侯"，也说明当时此地政治、经济的重要地位。农业经济的繁荣促进了会稽山地区思想与文化的兴盛，这里涌现出许多在中国古代有重要影响力的名士。

会稽山历史悠久，文化灿烂。2004年发现的浦江县上山遗址有一万年前经过人类驯化的栽培稻、夹碳陶器、石磨棒和石磨盘等，表示会稽山区万年以前已有农业文明。上山遗址是中国迄今发现的年代最早的新石器时代遗址之一。上山遗址的发现是中国早期新石器时代考古的重大突破，将长江中下游地区的人类文明发展史大大推前，也进一步证实了中国是世界上最早种植水稻的国家之一。中国迄今发现的万年以上的早期新石器时代遗址中，以洞穴、山地遗址类型为主，而浦江的上山遗址位于浙中盆地，四周平坦开阔，这是人类早期定居生活的一种全新选择。遗址发现了结构比较完整的木构建筑基址，这反映了长江下游地区在新石器时代早期农业定居生活发生、发展中的优势地位。

浦江县上山遗址

嵊州小黄山遗址

1995年发现了距今9 000多年的嵊州市小黄山遗址，在那里发现了大量储藏坑遗迹，出土石磨盘、磨石、夹砂红衣陶盆、罐等器物数百件和大量石料、陶片标本，在地层中发现大量稻属植物硅酸体，表明小黄山先民在那时已经开始栽培水稻。小黄山遗址是曹娥江流域发现的时代最早的新石器时代遗址，是曹娥江流域乃至浙江省及东南沿海地区新石器时代考古发掘研究的重大突破。小黄山遗址地处曹娥江流域上游河谷地带，是遗址中新石器时代早期遗存的发现，为探索浙江省乃至东南沿海地区人类迁徙发展的模式提供了又一新的个案资料，有力地支持了人类由山区丘陵向平原、沿海岛屿迁徙发展的观点。小黄山遗址新石器文化早期遗存保存之完好，储藏坑发现之多，石磨盘、石磨石出土数量之丰富为江南地区新石器时代遗址所罕见。出土的石雕人首距今年代在9 000年上下，应是我国新石器时代遗址考古中发现的时代最早的石雕人首，具有很重要的艺术研究价值。水稻遗存的发现，对农业起源特别是稻作农业起源研究具有重大学术意义。

1973年发现的距今7 000多年前的河姆渡遗址，出土了骨器、陶器、玉器、木器

余姚市河姆渡遗址

等各类生产工具、生活用品、装饰工艺品以及人工栽培稻遗物、干栏式建筑构件，动植物遗骸等文物近7 000件，全面反映了我国原始社会母系氏族时期的繁荣景象。河姆渡遗址发掘发现的文物遗存具有数量巨大、种类丰富的特点，为研究7 000多年前氏族公社繁荣时期人们的生产、生活情况提供了比较全面的材料。如两次发掘出土的陶片达40万片之多，用同样的发掘面积作比较，是其他新石器时代遗址所不及；又如出土的纺织工具有纺轮、绕纱棒、分径木、经轴、机刀、梭形器、骨针近10种，根据这些部件，可以复原当时的织机，其他的遗址就没有这么具体。河姆渡文化的原始艺术丰富多彩，在陶器上有雕刻和堆塑的动植物图案，有陶塑的猪、羊、人头等，有骨雕和象牙雕作品，还有至今仍能吹出乐曲的骨哨。河姆渡遗址的发现，证明了早在7 000年前，长江下游已经有了比较进步的原始文化，是中华民族文化的发祥地之一。

这三个遗址证实了早在7 000~10 000年前的第二次海退时期，会稽山脉的原始先民就开始了水稻的种植，烧制出了独特的陶器群，用石磨棒和石磨盘对稻谷进行脱壳加工，过着以农业为主、采集狩猎为辅的定居生活，那时会稽山原始农业已初露曙光。4 000年前大禹治水成功，到了绍兴的茅山，大会诸侯，计功封赏，然后把茅山改成了会稽山。

2 500年前（公元前490年），越王勾践从会稽山区迁移到海边，创建一座城市（越子城），大规模开发土地，通过养殖家畜、鱼类等，大力发展畜牧业和渔业，壮大经济，富国强兵，成为春秋五霸之一。勾践所筑的城市至今城址未变，就是现在的绍兴护城河里面的老城区，2010年绍兴市举办了2 500年城庆。越国早期的都邑，曾长期位于会稽山中。在整个春秋战国时代，会稽山始终是越国军事上的腹地堡垒、经济上的生产基地和政治文化的宗教圣地。2 200年前，秦始皇上会稽，祭大禹，望于海，命丞相李斯立石刻颂秦德，这就是著名的会稽刻石。回顾数千年的历史，只需节选与人类早期农业文化相关的几个瞬间，就足以反映会稽山及其周边地区悠久的农业文化历史。

古代文明的根基是农业，有

大禹像

会稽刻石

足够发达的农业，才有充足的人口数量，才会有余力创造出辉煌的文明。正如勾践时代越国的青铜器为天下翘楚，勾践时代越国的农业也应是天下一流的。工具技术和农业技术往往是相辅相成的。遗憾的是，战败者往往难以在史书中留下自己的声音，关于越国、关于会稽山地区的农业技术的情况，史书中很少提及。也许，会稽山中的一个古人"创造"出来的树种，能够给我们一些线索，这种神奇的树种就是被称为"千年圣果"的香榧。

香榧属红豆杉科榧属，是从榧树自然变异中选出的优良类型或单株经人工嫁接繁殖而成的优良品种，是唯一的栽培种，至今树龄几百年甚至上千年的香榧树的基部，还可以看到上粗下细的嫁接痕迹（嫁接疤）。香榧树雌雄异株，两性和谐，雄树挺拔高大，雌树树姿优美，"三代同堂"，四季常青，千年长盛，与会稽山优美的自然风光构成了丰富的景观资源。

会稽山一带是我国香榧的主产地，现存最古老的香榧树活体树龄已达1567年（2012年测定）。根据现有资料记载和古香榧树树龄推测，香榧人工栽培应起于南

会稽山古香榧群（孙乃坤/提供）

北朝之前，至唐代渐为全国知晓，盛行于宋代，元、明、清时期则开始大规模发展。诸暨市、柯桥区（原绍兴县）和嵊州市已将当地古香榧群公布为县级文物保护单位。在中国及全球重要农业文化遗产保护工作的推动下，如今这三处古香榧群已整合成绍兴会稽山古香榧群，成功申报为全球重要农业文化遗产和中国重要农业文化遗产，并成功晋级为浙江省文保单位。

香榧集食用、药用、油用、材用、观赏和环保等于一身，是会稽山区农业文化发展和兴盛的标志。会稽山古香榧群属于独特的山地利用系统，不仅能够防止水土流失，还能为当地人民提供很高的经济价值。同时，古香榧群还具有历史地理学、环境科学等多种科研价值。随着申遗的成功，会稽山古香榧群将给世界更大的贡献。

榧树、香榧和
古香榧群

榧树是裸子植物门红豆杉科榧属植物，常绿乔木。香榧是榧树中经人为选择嫁接培育而成的一个优良品种（类型），其主要性状和经济价值有别于榧树中其他实生榧树变异类型，现已作为林木良种主导品种在全国加以推广。会稽山区是香榧的原产地和主产区，其千年古香榧群有着悠久的历史、深厚的文化、独特的价值和古老的嫁接技术，是会稽山先民发挥聪明才智，利用自然、改造自然的一大创造，是一种重要的农业文化遗产。

（一） 榧树

❶ 榧树的历史和分类

榧属植物起源于侏罗纪，丹麦早侏罗纪地层和英国晚侏罗纪地层均有发现。在我国，榧属植物直至古近纪才出现。在地质历史时期，榧属广泛分布于欧亚大陆和北美。在亿万年前，裸子植物曾经统治着地球的陆地，榧树也曾广泛分布在北半球的大陆上，甚至我国的东北地区也有榧树的身影。然而随着气候的变化，被子植物出现并开始繁盛，裸子植物开始退缩，榧树的分布范围也逐渐萎缩，目前只分布在中国、日本、美国等少数国家。中国榧树资源主要分布在浙江、安徽、江苏、江西、湖南、湖北、四川、云南、贵州等省，其中最多的为浙江省，全省除舟山市、嘉兴市少数县（市）外都有榧树分布。

全世界榧属植物共6种，2个变种。其中美国有2种：佛罗里达榧和加州榧；日本有1种：日本榧；我国有3种：榧树、长叶榧、巴山榧；还有2个变种：云南榧、九龙山榧。我国原产的榧属植物中，长叶榧、巴山榧、云南榧不堪食用，九龙山榧资源极少，只有榧树是我国分布最广、栽培利用历史最久、经济价值最高的一种。

榧树高达25米，胸径55厘米，树皮灰褐色纵裂，一年生小枝绿色，2—3年生

实生榧树（陈锦宇/提供）

小枝黄绿色，冬芽卵圆形有光泽。种子为榧子，其果实外有坚硬的果皮包裹，大小如枣，核如橄榄，两头尖，呈椭圆形，成熟后果壳为黄褐色或紫褐色，种实为黄白色，富有油脂和特有的一种香气，很能诱人食欲。榧子和其他植物种实一样，含有丰富的脂肪油，而且它的含量高达51.7%，甚至超过了花生和芝麻。榧子中含有的乙酸芳樟脂和玫瑰香油，是提炼高级芳香油的原料。

❷ 古代中国对榧树的认识

榧树古称"柀子"、"彼子"、"欀"、"黏"，又有"棑"、"棐"、"玉榧"、"赤果"、"野杉"等。周秦以来各种中国古籍对之记载不断，反映了古代中国对其认识的不断深化和利用的日趋全面。

从对榧树的认识来看，据《尔雅·释木第十四》所载，古代中国至迟在2 200年前的周秦间，就已认识到榧树为杉科植物的一种；从对榧树的利用来看，同样

至迟在2 200年前的周秦间就已把榧树果实用作治疗和保健药物,《神农本草经》中也记载过"主腹中邪气,去三虫、蛇螫、蛊毒、鬼疰、伏尸"的内容。

这就是说,先秦时代,榧树果实就被人相信具有多种神奇功效:可驱除人体脑、胸、腹部的严重致病邪气,解除蛇虫伤害之毒和从饮食途径感染的各种致病致死毒虫、细菌之毒,治疗传染性疾病,消除潜伏病灶等。

自汉以来,几乎所有重要医学著作,如《陶隐居本草》《千金要方》《唐本草》《本草拾遗》《嘉祐补注神农本草》《本草衍义》《日用本草》《食物本草》等,对榧实均有记载,说明古代中国对榧树的长期的最主要的利用就是榧实的药用,也说明榧实的治疗和保健功效的可靠。

除了药用,古代中国对榧树的第二、第三种利用就是榧实的食用和榧木的器用。关于食用,从苏敬《唐本草》"彼子……子名榧子,宜入果部"来看,至少从公元7世纪的唐代初年起,古代中国就已开始食用榧实。当然,古代中国对榧果的食用也考虑到其药用保健的功效,或者说也是建立在药用基础上的。

至于榧树的器用也就是榧木的材用,其历史同样极为悠久。

《庄子·人间世》有载:"若将比予于文木邪?"说明至迟到战国中期的文学家、哲学家庄子就已注意到了榧树的器用价值。苏敬《唐本草》记载:"其木似柏,其理似松,肌细软,堪为器用"。罗愿《尔雅翼》除了同样记载,"其木如柏,作松理","肌理细软,堪为器用","既有文彩,又劲于银杏,实良木也";更明确指出,此即"古所谓文木"。

民间对榧木的利用,则如公元4世纪初的郭璞《尔雅疏》第九所载,"可以为船及棺,材,作柱埋之不腐",也就是用作特别需要耐久的屋柱、舟船和棺木。同时,从记载来看,后世文人学者和高僧大德等上层精英人物对榧木的最常见器用则是榧几、榧案、榧台。

除了药用、食用、器用,古代中国文人学者对榧树、榧果的利用,还有类似"比玉为德"的象征性德用,或取其生命力的强旺,长寿经久,或取其远离尘俗喧嚣,隐然生长于深岫断崖的生长习性。对榧树景观美的歌咏也甚多,对榧子的膏泽丰厚和榧树本身的高大挺拔均有深情赞美,也可称为一种美用。

榧木家具（陈锦宇/提供）

榧木雕刻（陈锦宇/提供）

(二) 香榧

❶ 会稽山农业文明的代表作

香榧属红豆杉科榧属，是从榧树自然变异中选出的优良类型或单株经人工嫁接繁殖而成的优良品种，是唯一的栽培种，至今树龄几百年甚至上千年的香榧树的基部，还可以看到上粗下细的嫁接痕迹。每一年，满树的香榧果成为人们宝贵的干果食物之一。香榧树的嫁接改良尝试，应该可以追溯到古越人的时

古香榧树底端存在明显嫁接痕迹
（陈锦宇/提供）

代，作为农业技术对野生树木的改造案例，香榧树证明了会稽山区的先民一直是中华文明的重要缔造者之一。会稽山区从远古开始就有着深厚的农业文化基础，这才让榧树变成了香榧。从远古到今天，会稽山区一直沿袭着优良的农业文化，才缔造了屹立山中、千年飘香的古香榧群。

尽管榧属植物在我国许多地方甚至美国、日本也有分布，但其他地方的榧树果实难以入口，唯独会稽山的香榧果实香甜可口，这与会稽山先民的勤劳和智慧是分不开的，香榧是这些先民对历史卓越贡献的代表物。绍兴会稽山，承载着中华文明的万年历史；而会稽山古香榧群，则保留着从上古时期发端的农业文化的秘密。碧绿的香榧果上，凝聚着几千年来古人良种选育和嫁接技术的极高水平。枝繁叶茂的香榧树，也曾见证了千年以来文人墨客的才情风韵。

❷ 三代果与长寿树

香榧是裸子植物，雌雄异株。每年3月下旬雌树新芽萌动，4月上旬雌花在新芽

叶腋中形成并露出柱头。与雌花不同的是，雄花的花芽形成于上一年枝条的叶腋，在冬季就可以看到，开春后，花芽迅速膨大，到4月上中旬长约12毫米、直径约8毫米的椭圆形球体时开放，散出淡黄色花粉，花粉可随风飞扬至数公里，为雌蕊授粉。授粉后的雌蕊随即发育成幼小的种子，在以后的整整一年里，生长非常缓慢，直到次年5月才开始迅速膨大，到8月底9月初成熟。因此，香榧从开花到成熟，需要跨两个年头。香榧属裸子植物，无真正的果实，其种子核果状，习惯称果实或种蒲（为照顾群众习惯本书仍称果实或种蒲）；外被肉质假种皮，绿色，熟时淡黄色至暗紫色或紫褐色，外有白粉；种皮骨质，内种皮（俗称种衣）膜质，紫红色。去假种皮的种子称"种核"，商品香榧即指种核。

香榧雄球花

香榧幼果（冯广平/提供）

香榧成熟果

在诸暨当地，一直有着"千年香榧三代果"的说法。这有两层含义，一是香榧树产果需要30年，爷爷种下去的树，到孙子那辈才开始收获；二是香榧的果子要两年才能成熟，加上以前加工技术落后，需堆沤一段时间完成"后熟"，再剥去假种皮，晒干、炒制，因此从开花授粉到上市销售需3年时间。

香榧树虽然生长缓慢，但经济寿命很长。香榧盛产期可以延续几百年，甚至可以千年枝繁叶茂、果实满树而不衰。所以，会稽山区百姓中流传着"一年种树千年香"、"一代种榧，百代乘凉"的谚语。生长缓慢的香榧，生而不死上千年，又得"长寿树"美称，自古有吉祥、长寿的寓意。

近些年，村民总结香榧千年的生长规律，不断提高栽培技术。同时，从春到秋，施以繁杂的农作，除了松土、人工授粉、除草外，为了延长古榧树的寿命，保

香榧古树（吴更生/提供）

证香榧果的营养不被破坏，还通过施有机肥来提升雌性香榧树自然授粉率和产量。

榧树与香榧：本是同根生，奈何大不同？
（引自《世界遗产》2013 年）

　　榧树物种种内性状变异十分复杂，有许多自然变异类型，如米榧、芝麻榧、小圆榧、圆榧等。由于榧树雌雄异株，异花授粉，实生后代分离很大，榧树种子大小、形状、营养成分含量及风味好坏等各不相同。香榧是从榧树自然变异中选出的优良类型或单株经人工嫁接繁殖而成的优良品种，是唯一的栽培种。所以，香榧与榧树的实生变异类型都是"同根生"的，在刚刚生长的时候，并没有太大的区别，两者此后的区别是人工介入造成的。

　　香榧是人工嫁接培育而成的，其形态和其他实生榧树明显不同。香榧无主干，分枝点低，多干丛生，犹如龙爪伸向苍天。香榧树冠犹如巨大的张开的伞，老树的树冠周边枝条甚至垂地；雄榧和实生雌榧树主枝明显，高大挺拔。从果实上看，香榧与榧树的其他实生变异类型的差异主要是品质间的差异：香榧种仁香脆、肉质细腻、容易脱衣，而实生的榧果绝大多数表现肉质粗硬、不松不脆、缺乏香味、且不易脱衣。香榧性状稳定，种子成分含量变异系数小，是珍贵的经济树种，而一般实生榧变异很大，不能作为经济树种。

　　著名植物学家、榧树专家秦仁昌教授在《枫桥香榧品种及栽培调查》一文中指出"香榧是特指原产于浙江，经过嫁接的良种榧，其他实生榧树产出的种实应都为榧子，而不能称为香榧。"现在绍兴老百姓也将未经嫁接的榧子称为"木榧"、"粗榧"、"圆榧"、"臭榧"等，在他们心中，这些榧树是不能与香榧相提并论的。

❸ 香榧利用历史

我国对榧树利用历史悠久,《尔雅》中就有记载,至今已有2 200多年。虽然到目前为止,还没有确切的文献记载何时开始香榧嫁接培育,但据北京自然博物馆2012年对绍兴会稽山区遗存的古香榧树树龄的科学测定,最古老的香榧树活体树龄已达1 567年,栽植于公元445

古香榧树年龄测定（陈锦宇/提供）

年,即南朝宋文帝元嘉二十二年。这一事实证明,早在南北朝之前,会稽山区人民已对香榧进行人工嫁接培育。

《《占岙榧王树树龄测定报告》》

占岙榧王树位于绍兴市柯桥区稽东镇占岙村北口,树高约18米,基径（R）2.24米,冠幅东西21米、南北20米,距地0.5米处分南北两大股,北股胸径1.05米,南股胸径1.07米,西侧原有集生主干,20世纪50年代被伐,残桩仍然存活,年轮偏心现象严重,髓心偏向东侧,自此桩长轴方向用生长锥取得178.55毫米长树芯,得160年,则长轴年轮宽度为:

$RW_L = 178.55/160 = 1.116$ 毫米/年

用偏心率校正,则占岙榧王树年轮平均宽度为:

$RW_A = C \times RW_L = 0.6405 \times 1.116 = 0.7148$ 毫米/年

则,占岙榧王树树龄（TA_{za}）为:

$TA_{za} = （R/2）/RW_A = 1120/0.7148 \approx 1567$

占岙榧王树实测树龄为1567年,植于南朝宋元嘉年间。

公元3~5世纪的魏晋南北朝时期,由于战乱,我国大量人口自北方南迁,会稽山地区人口进一步增长,经济开始超越北方。唐朝时,由于中国重归统一,凭

借崛起的经济地位和保持较为完整的中华传统文明，南方地区开始进入了主流文化系统，榧树果实可食用这一类事实也在这个时候开始有明确的记载。唐朝时，最早出现了食用榧树果实的记载。《本草拾遗》中言："榧华即榧子之华也。

占卺有"中国香榧王"之称的最古老的香榧树
（董国祥/提供）

与榧同，榧树似杉，子如长槟榔，食之肥美。"从此，香榧作为一个著名的地区干果品种而广为世人所知。

进入宋代，对香榧的记载渐多，内容也日趋详细。北宋时，香榧已被视为珍果出现在公卿士大夫餐桌上。北宋诗人苏轼在《送郑户曹赋席上果得榧子》的诗中写道："彼美玉山果，粲为金盘实。祝君如此果，德膏以自泽。愿君如此木，凛凛傲霜雪。"此后，《群芳谱》《广群芳谱》等农书中均有榧树植物学性状和种类变异的记载。这些都说明，经过历代劳动人民长期的栽培驯化，在当时的会稽山地区已经有优良的香榧栽培品种。北宋末年，由于北方战乱，人口大量南迁，导致会稽郡人口压力骤增，当时人们不仅在平原地区围湖开垦土地，也向会稽山山地垦殖。到了南宋，低山缓坡到了"有山无木"的程度。而唯独香榧，因属于可供食用的经济林而不仅得以保留，还大量发展，并形成独特的山地利用系统和生态系统。宋代以后，香榧的培育和利用进入了快速发展时期。南宋时嵊州（剡县）、诸暨已是"榧多佳者"，并以榧子制榧汤。明万历时《嵊县志》载："榧子有粗细2种，嵊尤多。"说明400多年前嵊州已有细榧。

清《乾隆诸暨县志》记载："榧有粗细二种，以细者为佳，名曰香榧"。从此，"香榧"一名正式出现在文献之中。

清后期，香榧开始成为一种"地标产品"。晚清《重修浙江通志稿》云："香榧产地乃在枫桥东二十余里*一带山里山湾地方，因村小而名不著，故山农以枫

---

*"里"为非法定计量单位，1里≈500米。——编者注

桥称之"。枫桥即今诸暨市枫桥镇，是当时周边地区香榧买卖的集散地。

民国后，各种报刊对枫桥香榧的大量调查报告、通讯报道及学者论文记述皆反映了枫桥香榧当时的影响、舆论之广之大，生产销售之兴盛可见一斑。

香榧的古书记载

《《枫桥香榧》》

枫桥香榧，主产于会稽山脉中段的浙江省诸暨市枫桥镇之相泉（应家岬）、钟家岭、西坑、黄坑、里宣、外宣、杜家坑一带（今属赵家镇），已享盛誉一千多年，唐武宗时宰相李德裕曾称之为"木之奇哉，有稽山之海棠榧桧"，宋代苏东坡有诗云："彼美玉山果，餐为金盘食"、"驱除三彭虫，已我心腹疾"。

枫桥镇上，明、清时代已有专业的香榧加工工场和经销商店，经营的品种有细榧、圆榧（木榧）、芝麻榧等。枫桥出产的香榧中，细榧占80%以上，细榧又名"薄壳香榧"，具有壳薄、肉满、味香、质脆等特点，是香榧中之最佳品种。

枫桥现有百年以上香榧树3万多株，年产香榧数百吨，产量、质量均居全国绝对首位。为了更好地保护和研究香榧，在离枫桥镇东南10公里的会稽山脉深处，国家林业局已批准建有中国唯一的香榧国家森林公园。

根据《地理标志产品保护规定》，2010年国家质检总局组织了对"枫桥香榧"地理标志产品保护申请的审查，经审查合格，2011年1月13日发出［2010］第162号公告，正式批准自即日起对"枫桥香榧"实施地理标志产品保护。"枫桥香榧"成为浙江省诸暨市第一个实施国家地理标志产品保护的重点农产品。

枫桥香榧地理标志

（三）会稽山古香榧群

① 全球重要农业文化遗产

绍兴会稽山古香榧群面积约402平方千米，区域内有结实香榧大树10.5万株，其中树龄百年以上的古香榧有7.2万余株，千年以上的有数千株。古香榧树历经千年仍硕果累累，堪称古代良种选育和嫁接技术的"活标本"。2013年5月，联合国粮农组织正式批准绍兴会稽山古香榧群为全球重要农业文化遗产。

粮农组织官员考察古香榧（1）
（陈锦宇/提供）

2013年6月5日，由农业部和联合国粮农组织联合主办的"全球重要农业文化遗产"授牌仪式在北京人民大会堂举行。联合国粮农组织总干事达席尔瓦先生为我国新近入选的浙江"绍兴会稽山古香榧群"和河北"宣化城市传统葡萄园"授牌。专家委员会对绍兴会稽山古香榧群给予了很高的评价，认为古香榧群具有遗传资源保存和防止水土流失等重要生态功能，是古代良种选育和嫁接技术的活标本，"它是世界上第一个以山地经济林果为主

粮农组织官员考察古香榧（2）
（陈锦宇/提供）

要特征的农业文化遗产"，对全球经济树种的种植发展具有重要的指导意义。

绍兴会稽山古香榧群位于会稽山腹地，距绍兴市区40千米，有G15W、

全球重要农业文化遗产日本授牌仪式　　全球重要农业文化遗产北京授牌仪式
（水茂兴/提供）　　　　　　　（陈锦宇/提供）

G1512、G60、S22、S24等高速公路和国道G104与外界沟通，交通便利。地形以山地为主，平均坡度22°。古香榧群分布在绍兴市所辖诸暨市、嵊州市、柯桥区三区（市）交界地带海拔200~800米的山地地区。主要由诸暨市赵家镇榧王村—宣家山—相泉古香榧群、东白湖镇里四古香榧群，嵊州市谷来镇袁郭岭村古香榧群、通源乡西白山古香榧群和柯桥区稽东镇占岙—陈村—石岙古香榧群等组成，包括12个乡镇59个行政村。

浙江省

浙江省在中国的位置

绍兴市

绍兴市在浙江省的位置

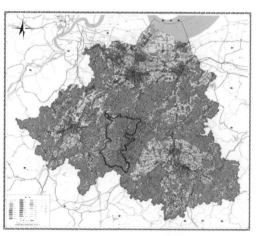

绍兴会稽山古香榧群范围

会稽山区是我国香榧的原产地和主产区，保留着大批完整的古香榧群。根据2006年统计，会稽山区有结实香榧大树10.5万株，其中绍兴市所属诸暨市4.50万株，嵊州市2.83万株，柯桥区1.70万株，占香榧树总数的86%。

绍兴会稽山古香榧群区位图（王斌/提供）

绍兴会稽山古香榧群分布状况

县	乡（镇）	村
诸暨市	赵家镇	榧王村、宣家山村、东溪村、相泉村、新绛霞村、潘村村、泉畈村、上京村、东庄村、保安新村、花明泉村
	东和乡	冯蔡村、龙溪村、里娄沟村、子和村
	东白湖镇	里四村、湖山村、孝义村、雄踞村、上英村、娄东村、西岩村、斯宅村、上家湖村、新上泉村、西丁村
	枫桥镇	未涉及行政村
嵊州市	谷来镇	袁郭岭村、榆树村、吕岙村、北岙村、双溪村
	长乐镇	小昆村、蓬瑠村、水口村、大昆村
	竹溪乡	盛家坞村、竹溪村、舜源村
	王院乡	培坑村
	石璜镇	徐家培村
	雅璜乡	戴溪村、雅璜村、长坑村
	通源乡	白雁坑村、松明培村、吴联村
柯桥区	稽东镇	占岙村、陈村村、石岙村、龙西村、新上王村、双坞村、高阳村、龙东村、官桥村、金山村、竹田头村、营口村、越北村
总计	12	59

《《《全球重要农业文化遗产》》》

　　全球重要农业文化遗产（Globally Important Agricultural Heritage Systems, GIAHS）是联合国粮农组织（FAO）在全球环境基金（GEF）支持下，联合有关国际组织和国家，于2002年发起的一个大型项目，旨在建立全球重要农业文化遗产及其有关的景观、生物多样性、知识和文化保护体系，并在世界范围内得到认可与保护，使之成为可持续管理的基础。该项目将努力促进地区和全球范围内对当地农民和少数民族关于自然和环境的传统知识和管理经验的更好认识，并运用这些知识和经验来应对当代发展所面临的挑战，特别是促进可持续农业的振兴和农村发展目标的实现。按照项目设计，将在世界范围内陆续选择符合条件的传统农业系统进行动态保护与适应性管理的示范。

一般而言，这些农业生产系统是农、林、牧、渔相结合的复合系统，是植物、动物、人类与景观在特殊环境下共同适应与共同进化的系统，是通过高度适应的社会与文化实践和机制进行管理的系统，是能够为当地提供食物与生计安全和社会、文化、生态系统服务功能的系统，是在地区、国家和国际水平具有重要意义的系统，同时也是目前快速经济发展过程中面临着威胁的系统。

2005年，粮农组织在6个国家选择了5个不同类型的传统农业系统作为首批保护试点，截至2014年4月被列为保护试点的共有31个。其中，中国占11个，位居各国之首。

香榧树能够千年不衰，得益于会稽山从古至今的优良生态环境。

会稽山地处浙江省东北部，山地呈西南—东北走向，为浦阳江和曹娥江的分水岭，是绍兴市地形骨架的脊梁。属亚热带季风气候区，四季分明，气候温和，湿润多雨。年平

绍兴会稽山古香榧群（陈锦宇/提供）

均气温16℃，年平均日照时数1 900小时，年平均降水量1 200毫米，土壤以地带性红壤和山地黄壤为主，森林资源丰富，动植物种类繁多。会稽山脉山高岭峻，云雾缭绕，温湿凉爽，土壤肥沃，十分适宜香榧的生长。得天独厚的气候、地形与土壤，成就了香榧树的长生不老和香榧果的长盛不衰。

古香榧树（陈锦宇/提供）

千年香榧王（陈锦宇/提供）

四季常青的香榧树不仅给人们提供了可以食用的果实，还提供了优美的景观。因海拔高度不同，会稽山古香榧群的分布呈现聚散结合的特点，既有满山成片分布的，又有离散分布于村落房屋附近的。山间的一颗颗古香榧树，或挺拔高大、枝繁叶茂，或盘根错节、姿态万千，让人赏心悦目。

❷ 独特性与创造性

会稽山古香榧群在山坡上形成了立体式的复合农林经营体系，实现了对山地水土资源的最大化和最优化利用，这正是古香榧群能够跻身"全球重要农业文化遗产"之列的价值所在，其独特性和创造性主要体现在：

（1）会稽山古香榧群历史悠久，千年长盛。会稽山古香榧群现存的千年以上的古香榧树有数千棵之多，以位于诸暨市赵家镇榧王村的"千年香榧王"和位于柯桥区稽东镇占岙村的"中国香榧王"（榧王树）为代表。"千年香榧王"树龄1 300多年，树高20米，胸围9.26米，树冠直径26米，覆盖面积达1.2亩*，年产鲜果800千克。2007年入选浙江农业吉尼斯纪录。"中国香榧王"树龄1 560多年，树高18米，胸围9.36米，覆盖面积500多平方米。

---

*"亩"为非法定计量单位，1亩≈667米^2。——编者注

（2）中国最重要的香榧产区。绍兴会稽山区自古至今都是古香榧的主要产区。根据《明一统志》《大清一统志》《浙江通志》《福建通志》《云南通志》《安徽通志》《甘肃通志》和《江西通志》等地理总志和方志的记载，古代榧树曾经广泛分布在我国长江以南诸省，以及甘肃的部分地区。但如今在这些省份和地区很少见到分布。而会稽山区腹地402平方千米范围内，树龄百年以上的古香榧树有7.2万余株，占全国古香榧树数量与产量的80%以上，是我国香榧的原产地、主产区和集中分布区域，也是全国香榧种质资源的自然保存中心。

（3）古代嫁接技术的"活标本"。绍兴会稽山古香榧群历经千年，仍能硕果累累，将天赐珍果奉献世人，正是中国古代果树大规模嫁接技术应用难得的例证，是世所罕见的古代良种选育与嫁接技术的"活标本"。它是古代会稽山区劳动人民智慧的结晶，体现了其无穷的创造能力。一般农业史考证认为，我国果树嫁接技术早在1 500多年之前就已经成熟推广。目前会稽山区发现现存最古老的香榧树年龄已达1 560多年，可见，在现存最古老的香榧树出现之前，人们应该就已经相当成功地把榧树改良成了香榧。以此推断，也许在两晋、南北朝之前很久，会稽山的先民就已经掌握了嫁接培育的技术，并用这种技术对榧树进行了改良。

（4）"三代同堂"的神奇果树。香榧树无论雌雄，生长缓慢、寿命也极长，雌树结实期晚、盛果期长，有"三十年开花，四十年结果，一人种榧，十代受益"之说。正常情况下，持续结实能力可达百年、数百年甚至千年。一般来说，10年以内的香榧树很小，几乎没有产量。即使是30年树龄的香榧树，产量也超不过25千克。对榧农来说，树龄二三十年的香榧树才会有一定的经济价值。这意味着，一般要爷爷种下香榧树孙子才能吃到香榧子，故香榧又称"公孙树"，也被称为是"三代同堂"的神奇果树。

雌雄异株、"三代同堂"的神秘果树
（徐灿法/提供）

（5）立体的复合农林经营体系。充分利用土地和阳光是古香榧群复合经营体系的主要特征。会稽山区人民围绕香榧树用石块构筑梯田、鱼鳞坑、树盘，或者插上竹子做的栏杆，阻挡水土流失以保护香榧；同时，利用成林香榧树茂密的树冠缓冲暴雨的直接冲刷，保护整个区域；还在林下套种间作茶叶、蔬菜、豆类，甚至小麦等粮食作物，既利用了香榧林的立体空间和林间阳光，增加收入，又增强了香榧林保持水土的能力，形成了一种高效的立体复合经营体系。

香榧林内复合经营

二

会稽飘香

会稽山古香榧群是一种特有的地方文化符号，记载和传承着千年的历史。会稽山区的榧农通过村落的集体活动、祭祀与节庆，依照传统或经验形成共同的思维与行为方式，使文化得以延续。通过香榧文化的代际传承，也将整个社会的历史与文化记忆融入其中，包括其家族观念、地方历史与其社会价值观念都以集体历史记忆的方式被铭记，社会认同和文化自觉由此形成。在此基础上，家族、村落和传统的以香榧为基础的生计方式得以延续和发展。香榧文化不仅包含了以香榧生产为主体的农业生产方式和相关的森林文化，更重要的是香榧因其自身树龄长、雌雄异株伴生山林、二代果实同树等特征有着"长寿、美满、团圆"的象征意义，并融入地方社会文化的各个层面。

（一）香榧——人类的宝贵财富

香榧种仁为枣核般大小，味道香美、松脆，类似花生仁，但比花生仁更有一种别致的香味。香榧的二次加工具有多样性，其种仁炒熟后松脆可口、香味独特，可加工成香榧糕、饼、糖、酥等食品，产品出口港澳、日本等地，倍受消费者青睐。香榧因四季常绿、千年常青、形态优美、长寿长效，也被冠以"千年圣果"、"长生果"等美誉。

大凡美丽的事物，总会有着美丽的故事。传说香榧故称"柀"，公元前210年，秦始皇东巡至会稽山，品尝香味浓郁的"柀子"后，感觉松脆可口，齿唇留香，便赐"柀"更名为"香柀"。而"柀"之"木名

香榧

外形
形状呈橄榄形
大头两侧各有一个榧眼

果仁外的黑衣容易脱干净

外壳薄

饱满度
抓一把在手里摇，没有响声说明香榧籽
饱满度高

果仁呈淡黄色至黄色

颜色
黄棕色至黄褐色

2厘米

1厘米
至
1.2厘米

榧眼

嗅觉
香榧特有的香味

味觉
口感松脆可口

如何挑选香榧

文本，斐然有章采"，故谓之"榧"。在宋朝，会稽山区培育出产的榧子，成为著名的干果，其中的名品有"玉山果"、"蜂儿榧"等，成为文人雅士相互馈赠的佳品。清朝乾隆帝南巡时，会稽山区出产的香榧因风味独特而被封之为"御榧"。

香榧的药用价值在《本草纲目》等古书中已有记载。明代名医李时珍根据苏东坡的诗句"彼美玉山果，粲为金盘实"，误以为信州玉山县的榧实是最好的。但根据后人考证，当初信州并不产榧实，苏东坡"榧子诗"中所指的榧实其实来自婺州，也就是今天的会稽山区，这里出产的榧实药用效果最佳。

古书记载的香榧药用价值

《《香榧治病的故事（引自《香榧传说》2013 年）》》

　　过去，山里人到山里去干活时，都不大愿意带茶水，怕麻烦，所以在口干时都喜欢到山里喝清凉的山水。有一天，两公婆到山里去砍柴，归来的路上，感到特别口渴，看到有凉水的地方就把担子歇下来，支在路边，稍微休息了一会，就扑下去喝了一顿凉水，感觉舒服了，就地休息了一会儿，突然肚子痛，脚骨有点酸软，头皮有点昏沉沉，路也走不动了。正在这个时候，一个疯癫和尚路过这里，看见了就对他们说："你们不要着急，这种小毛病随便弄点东西吃吃，就会好的。"疯和尚从身上东摸一下，西摸一下，摸出几颗果子，叫他们剥开来吃下去。这个山里人想想肚子实在痛，病急乱投医，就吃吃看吧，就把果子连衣带肉地吃到肚子里。过了一会工夫，感到肚皮舒服一些了。这个时候，疯和尚讲："这种东西叫做香榧。"过了一会，疯和尚不见了。山里人想："邻村是有这种果子长着的。"回头一看人不见了，吓了一大跳，后来一想肯定是那济癫和尚回灵岩寺来了。从此，香榧能治病的事一直流传到现在，还在民间传。

　　（讲述人：黄小太　采录人：张石兴）

（二）人居福地致富树

① 以香榧为生

　　香榧集中分布在绍兴会稽山区，地处会稽山区的诸暨市、嵊州市和柯桥区稽东镇分别被命名为"中国香榧之乡"，诸暨市又被国家林业局命名为"中国香榧之都"。香榧产业是绍兴会稽山古香榧群地区村民的主要经济收入来源和就业的主要渠道。香榧是产区农民发家致富的摇钱树，已有上万农户靠经营香榧、苗木而走上了富裕之路，过上了小康生活。

香榧丰收（赵凡瑜/提供）

　　2013年，绍兴市香榧产量2 305吨，占全国总产量的80%以上，产值4.4亿元。2012年诸暨市赵家镇的榧王村，仅香榧一项人均年收入就能达到11 836元，占人

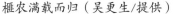

榧农满载而归（吴更生/提供）

香榧礼品（陈锦宇/提供）

均年收入的70%以上；全村从事香榧生产、加工、销售和服务人员占全村人口的78%以上。嵊州市谷来镇袁郭岭村，农民人均收入17 249元，其中人均香榧收入13 834多元，占农民人均收入的80.2%；嵊州市谷来镇榆树村还开展香榧育苗，香榧人均收入高达20 705元。近年来，古香榧树单株产值在3 500元以上，最高单株产值在30 000元以上，是名副其实的"致富树"、"摇钱树"。

作为营养丰富的干果珍品，香榧及其制品常常作为高级礼品出现在节日的礼单之中。

《《榧王村》》

榧王村，属浙江省诸暨市赵家镇，由西坑和钟家岭两个自然村组成。地处诸暨市东部的会稽山麓，距诸暨市32千米，距绍兴市35千米。全村平均海拔500米以上，人口2 031人，村域面积6.017平方千米，是闻名市内外的香榧专业特色村，香榧、樱桃是村民的主要收入来源。

榧王村位于会稽山麓的群山环抱之中，整个村落掩映于古香榧林之中，森林资源独特，生态环境良好，村内环境优美，空气清新，村容村貌整洁，青砖黑瓦掩映于丛丛碧绿之中，是个舒适宜居的世外桃源。全村共有各类榧林3 000多亩*，百年以上树龄的榧树9 700余棵，可谓榧林蔓茂、古树森森，奇景异趣美不胜收。拥有千年香榧王、仙坪山古榧林、香榧博物馆等景点。全村文化积淀深厚，特别是古老的香榧文化源远流长，能充分体现山民的勤劳纯朴和热情好客。

诸暨市赵家镇榧王村（吴更生/提供）

香榧产业是该村村民的支柱产业，全村80%以上的收入来源于此，另外樱桃、茶叶也是该村的特色农产品，近年来随着生态观光游的兴起，农家乐旅游收入不断增长，能真正反映山区人民靠山吃山的人与自然和谐发展的良好面貌。

❷ 以香榧为乐

香榧或散生种植于房前屋后、溪谷山冈，或成片满山生长形成纯林，或与板栗、毛竹及其他落叶或常绿树种形成林相优美的混交林，和会稽山美丽的自然风光、独特的气候地理环境一起，正逐渐成为现代人所向往的休闲胜地和养生福地，其旅游价值正在被世人所认识，所推崇。

古香榧群景观优美，香榧树有的挺拔高大，有的虬枝错节，有的枝杈旁飞，有的盘根错节，藏龙卧虎一般，有的虽折枝断臂但伏地再生，无不形成奇树怪木状，有的咬住岩缝

诗画榧园（姚蔚妮/提供）

不同海拔的植被景观（陈锦宇/提供）

顽强屹立，还有的折腰地上仍枝繁叶茂，郁郁葱葱，尤其是上百年、上千年的古香榧树更是"岁老根弥壮，阳骄叶更荫"。而成片的古香榧林更具观赏价值，它们与会稽山区的奇峰秀谷和文化遗存相映生辉，形成了榧乡独特而丰富的文化旅游资源。

会稽山古香榧群的地带性植被为中亚热带常绿针阔叶林。受海拔高度和地形引起的小气候和土壤环境、水分环境的差异以及人工栽培植物的影响，林中植被类型多样，呈现出针叶林、阔叶林、针阔混交林、竹林、灌木林等多种形式。海拔600米以上主要以杉树、马尾松等针叶林为主，山顶部多为灌木林、草丛；300~600米的低山山体中部或丘陵山冈，是香榧集中分布的范围；在海拔400米以下，香榧主要生长在夏季温凉湿润的溪边与峡谷；海拔400米以上，能满山成片生长，这一区域还分布有茶树、板栗、早竹等经济林木；300米以下则以人工栽植香榧幼苗、水果等经济林木为主。地带性植被、古香榧、古村落、小溪、山岚……布局自然而协调。这种布局独特、天人合一的自然景观，构成了一幅幅令人心旷神怡、叹为观止的美妙的生活画卷。

在当地政府的大力推介下，香榧以其独特的景观特征和美学价值以及丰富的文化内涵吸引了大量外地游客。目前"赏珍奇古树，品珍稀干果"已成为当地休闲农业观光的重要项目，各个村落都大量兴建了农家乐设施，吸引上海、杭州等地的客人来避暑休闲、休养和养老，对改善当地民生、促进就业增收起到了重要作用。在香榧森林公园中漫步，经常会遇到来自浙江、江苏、上海等地的游客，他们摒弃大城市的繁华，来到会稽山中、香榧林中修身养性。

旅游接送车（陈锦宇/提供）

来自外地的游客（陈锦宇/提供）

《《香榧主产区居民寿命长》》

　　根据绍兴市统计局2013年12月25日公布的调研报告，绍兴市香榧生产区人群平均寿命明显高于全市总体水平。绍兴市60岁、70岁、80岁、90岁以上的老人人数分别占全市人口的15.5%、7.1%、2.4%、0.2%，而赵家镇占比数分别为21.6%、10.2%、3.2%、0.3%。赵家镇如泉畈、上京村90岁以上人口的占比数高达0.4%，东溪村达0.5%，新绛霞村更高达0.7%。

　　绍兴市统计局组织人员，通过对2010年第六次全国人口普查数据的解读，调研走访了林业、农业、卫生、环保、人社等相关部门，榧区镇及农户，结合该地区地理环境、气候环境、饮食习惯等方面的特色，综合分析得出以上结论。调查统计还显示，赵家镇香榧产区居民大病、恶病的发生率相对较低。根据2011年、2012年连续两年特殊疾病报销人数占比参保人数的数据显示，赵家镇发病率为3.68%、8.54%，分别比全市平均数低1.8和0.73个百分点。另据特殊病门诊单据调查显示，两年中赵家镇人均支付分别为456.59元和457.79元，分别比全市平均少49.24元和21.91元。香榧产区可算真正的人居福地。

榧林生活（张荣锋/提供）

③ 以香榧兴业

随着生态文明建设的不断推进，受森林资源承载能力的限制，山区农民靠山吃山的无奈选择与生态保护之间的矛盾越来越突出，如何在有限的土地中实现人与自然的和谐发展成为了一个难题。

会稽山区农业历史悠久，种植作物种类丰富，经济作物一直是该地区的农业发展重点，也成为地区发展的基础和特色。香榧是该地区最主要经济林木之一，也是当地农民收入主要来源，对当地农民生计安全的维持具有重要意义。

近年来，会稽山区结合生态保护，发展农、林、牧相结合的生态循环农业和特色农产品生产及农产品加工业。形成了以香榧为主导，以古香榧群为主要生产环境的复合种养殖模式，为当地社区和周边地区提供了丰富多样的农业产品。其中较有代表性的包括香榧、茶叶、樱桃、竹笋、板栗、蔬菜、花卉、药材等。

把好香榧采收关倡议签名（卜荣伟/提供）

香榧收购（陈锦宇/提供）

香榧加工业（储开江/提供）

全力发展香榧及其衍生产业是山区百姓增收致富的重要手段，更是实现山区生态、环保和经济社会又好又快发展的理想途径，对于绍兴市社会主义新农村建设具有重要意义。以传统特产香榧、茶叶、水果等绿色林产品加工业为主导产业，加强生态环境与生态村建设，可实现香榧产业的全面可持续发展。

香榧被浙江省政府指定为最具发展潜力的经济树种，对拓展山区经济发展空间，培育"优质、高效、生态、安全"的兴林富民新产业意义重大。近年来，通过建立良好的市场机制，榧农的收入稳步提高。目前，绍兴全市有香榧面积2万公顷，其中诸暨市9 667公顷、嵊州市7 467公顷、柯桥区2 533公顷，投产面积5 667公顷。与此同时，以香榧为依托的加工业、香榧森林公园及农家乐成为生态文明建设的一个亮点。因此，系统开展古香榧群农业文化遗产保护，不仅可以更好地保护好千年古榧林，保护好香榧的优良种质资源；同时可以提高保护区的知名度，促进绍兴旅游产业的发展，进而带动社会经济发展，实现人与自然和谐。

《《《浙江：香榧产业，谁领风骚》》》

香榧，一个多年来毫不起眼的产业，突然间引起许多人关注：农民兄弟说，香榧树就是摇钱树，一棵盛产的榧树，年收入万把元并不稀奇；消费者说，这种干果不仅风味独特，而且具有多种保健功能，实在不可多得；地方政府说，香榧富民，是山区农业结构调整的最佳选择。

在众多合力推进之下，香榧种植面积不断扩大，价格一路上扬。2011年，香榧的青果收购价更是史无前例，达到每500克28元，最高34元；一般情况，每500克香榧干果需2 500克青果制成，也就是说，香榧干果的市场价每500克至少在150元以上。

香榧主产区在浙江会稽山脉的诸暨、东阳、柯桥、嵊州一带。几个地方人文相通，习俗相近，地缘相邻，而且都是"中国香榧之乡"。据统计，会稽山脉的香榧产量占到全国市场的95%。

　　市场呼唤着领军品牌，产业期待着领军人物。围绕着香榧产业的发展，浙江各地紧锣密鼓、你追我赶，展开了激烈的竞争。特别是诸暨和东阳，为了奠定"龙头老大"地位，获得产业发展的主导权，暗中较劲，连连"出手"，在业界成为人们议论的热门话题：他们一个策划"中国香榧文化节"，另一个设计"中国香榧节"；一个获得"中国香榧之乡"的命名，另一个申请"中国香榧之都"，双方你来我往，在香榧产业发展的道路上演绎了一出出精彩的大戏。

　　诸暨和东阳不仅是香榧的原产地，更是香榧产区中两个举足轻重的地方。调查研究发现，两地香榧产业发展各有所长，各有千秋：诸暨香榧声名远播，区域品牌建设成就斐然，各方面先人一步；东阳香榧尽管相对而言"先天不足"，但依靠科技"回天有力"，发展势头咄咄逼人，让人充满期待。

2007年中国香榧节

（三）**精神家园**

❶ **生命之树**

汉族传统的"四时八节"中（春分、夏至、秋分、冬至，元宵、清明、立夏、端午、中秋、重阳、立冬、年节），香榧都是祈福的优良果品。

会稽山山民的人生礼仪中少不了香榧的参与。如在嵊州市、诸暨市、柯桥区等乡村，常将香榧用于婚嫁喜宴上。在结婚仪式上，总要摆上一盘已染成红绿两色的香榧，最好是选用两颗香榧生长在一起的"双联榧子"，有些地方还会用丝线将红绿香榧绑在一起，使之成双成对。这些香榧都是生的，

婚嫁与香榧

拜完堂后，红红绿绿的果子会吸引小孩子去争着抢食，当小孩子剥开香榧往嘴里一嚼，马上就会大喊大叫，说榧子是"生的"，这也是一种"讨彩头"，寓意新郎新娘婚后早生贵子。喜宴结束后，这些作为"三代见面"的吉利果子就会分送给亲朋好友。洞房中摆放的吉祥果中一定有一盘是香榧，闹洞房的客人若想吃上形美味好又富有药用价值的香榧，就必须得说出一句既关于香榧的又充满喜气的吉祥话，如"香榧香又香，生出儿子中状元"等。说得最多最好的，就能享用这盘喜果子。

香榧树本身带有一种千年古榧、三代见果的神秘色彩，使得山区的农户对榧树有着一种由衷的敬仰。在旧时嵊州、诸暨、柯桥一带的山区，一些农户的孩子体质比较弱，在成长过程中总是磕磕碰碰的，农户们因为生活贫困，买不起药材，只好到榧林里去找一棵又高又大、生命力旺盛的香榧树，让自己的孩子认这棵榧树为"榧爹榧娘"，希望自己的孩子能像老香榧树那样健康长寿。

生命力旺盛的香榧树（吴剑/提供）

香榧是会稽山山民重要的经济作物，古香榧树树干高大、曲折，加上采摘期多阴雨天，树皮长有青苔易滑，树枝老化空心，上树采摘极具危险。且香榧可以采摘时，成熟果实的旁边已经结下了来年才成熟的幼果，所以采摘香榧必须是榧农爬到树上单粒采摘。在很长一段时间，因为安全措施不够周全，香榧采摘是一项非常危险的工作。因采摘香榧从树上摔落下来，轻者伤筋动骨，重者会为此丧命。因此，"丰产"和"平安"成为榧农对古香榧的最大期望。

在古香榧群分布的村庄，围绕祈求香榧年年丰产和香榧采摘平安顺利，衍生出了大量丰富的民俗活动。有的以村落为单位进行，有的以家族为单位，也有的以家庭为单位。

新的一年开始时，榧农们都很重视该年香榧的生产。在嵊州、诸暨山区香榧集聚地，正月里，榧农都会用祭祀、抽打等方式祈求香榧丰产。如稽东镇的榧农每年正月初一一早要上山去给香榧树拜年，带上香烛、水果等供品，感谢香榧在过去一年给家庭做的贡献，并祈求新的一年能继续有好产量。嵊州市竹溪乡的部分榧农，在大年三十吃完团圆饭后，立即到香榧山上，一人用细竹丝轻轻抽打香榧树，问今年香榧是否会大生，一人则躲在树后回答一定大生，直到把所有香榧树拷问一遍。诸暨市东和乡吉竹坑村的榧农，大年三十夜里会在香榧树上挂上红灯笼，告诉香榧树新的一年来临，祈求结出更多的果实。

在嵊州通源、长乐等乡镇，祈求香榧丰收的仪式更加丰富。一般在农历正月十四，榧农要到自家最大的那棵香榧树下去祭拜。首先在香榧树下，摆上果子二盘，鸡肉、猪肉、豆腐、千张、豆芽、油豆腐、九心菜各一盘，共九盘，俗称"九路碗"，外加米饭和老酒（有些地方是用茶）。接着，人们焚起清香、点起红烛，郑重叩拜，祈祷榧树们今年能大顺大利，大生大产。祭拜结束后，其中一人到前一年产量最低的榧树下，轻轻地敲打它，大声问："榧儿，你今年生不生？"另一人则在边上大声地回答："生了，今年我一定生！"那人再问："小生还是大生？"这边则马上大声回答："今年大生，一定多生！"这样祭祀活动才宣告结束，榧农们满怀"今年香榧会大生、多生的希望"，高高兴兴地回家去了。

祭祀山神活动一般都在古香榧树较多的山上举行，可以各家各户自己举行，也可以整个村落一起祭祀。如嵊州市谷来镇袁郭岭村，每年在香榧采摘前三四天，由村里的家长太公或领头人准备三牲福礼等祭品，带领全村男人共同在某个山脚下祭拜，祈求山神土地保佑大家平安。仪式完毕后，由领头人带领大家绕山转一圈，放放爆竹，放放洋炮（土铳），以示驱赶其他鬼魅。若今年全村采摘香榧无一村民伤亡，还会根据本村经济实力做若干夜大戏，以示庆贺。

通源乡松明培村的祭神仪式也是以村落为单位举行的。在古香榧树下选一平坦地，设四张八仙桌，放猪头、全鸡、全鸭、香烛、银钿、太宝等供品，由村落长者带领村民进行祭拜。

其他乡镇多以家庭为单位祭拜，一般由家长携带供品到自家的香榧树下，或在自家门口祈求山神保佑采摘过程平安。诸暨市东白湖镇祭祀山神时，还要携带特地制作的"荡漾豆羹"（一种用米粉和豆沙制作的糕点）。

祭祀活动（王丽红/提供）

❷ 传承之树

会稽山地区以汉族为主，家庭是社会的基本单元，宗族和亲属关系是社会结构的基础。随着社会的不断发展，这种以家族为基础的社会结构正在逐渐转化。现在，只有通过作为文物保护单位保护起来的几座明清时期的古民居、宗祠、学

堂和村镇还依稀可见几百年来会稽山区的社会形制。

民居主要以台门形式存在。按规格来分，绍兴的民居台门一般有上等、中等、低等台门的区别。间数均为单数，因为台门总以台门斗为中轴，两旁或二或四间建成。台门中间有天井，又称"明堂"。聚族而居的往往从客厅一进以后，左右分划房头住宅，至于其他耳房、厢房则为族属住宅。

祠堂以嵊州市谷来镇吕岙宗祠为代表，多

传统民居台门之明堂（白艳莹/提供）

吕岙宗祠古戏台（赵学干/提供）

建于清朝。家族凡遇到重大事件，均在祠堂召开家族会议或举行相关仪式。吕岙宗祠最大的特点是柱梁都采用上千年树龄的古榧树或古香榧树，因而耐久坚固，至今保存完好，这在全国都很罕见，堪称一绝。吕岙宗祠有五间，建筑为四合院形式，既有精致的古戏台，还有走廊、天井等。古宗祠梁柱都很粗，一根一根的柱子都很光亮，一点都没有损坏。柱子上都雕刻着花纹，有的是狮子滚绣球，有的是鲤鱼吐珠。宗祠的正前厅上镶刻着"忠孝仁义礼智信廉"等字样。房子的布局十分讲究，穿方梁柱，似乎是一气呵成，十分流畅，天井、走廊等结构十分紧凑。宗祠中有个古戏台，古戏台也全用榧木做成的，上面的飞檐画梁都显得古色古香。戏台后还有化妆间和小阁楼。这个古宗祠究竟多少年村里也说不清，但至少有好几百年。宗祠曾被火烧过，留有痕迹，修补痕迹的地方，至少也有100多年的历史了。

历史古镇聚集着众多家族，保留了传统文化与社会组织的一切记忆。绍兴嵊州崇仁古镇距今已有近千年的历史，是这一地区古镇的代表。崇仁古镇原名"杏花村"，现常被人呼作"剡溪人家"。北宋熙宁年间，受皇帝敕封的义门裘氏从婺州分迁此地。裘氏以崇尚仁义为本，故名其地为"崇仁"。自南宋以来，出过不少人才。崇仁至今仍保留着原生态的庞大的古建筑群，虽经栉风沐雨千年，但古镇风貌依旧。最值得流连的是连片成群的古建筑，这些建筑颇具宋朝遗风、明清特色。

崇仁古镇规模宏大，总面积达30公顷，其中精华区域面积3公顷。崇仁古建筑数量众多，从明、清至民国序列完整，类型丰富。走进建筑群内，庙宇、祠堂、古戏台、民居、牌坊、药铺、店房、桥梁、池塘、水井等一应俱全。保存基本完整的民居、宗祠等建筑154处，茶亭、路亭等14处，赌场、邮局等近代建筑50余处。古镇以玉山公祠为中心，保存完整的老台门就有100余座，台门之间用跨街楼钩连，既珠联璧合，又独立成章，体现了先人"分户合族、聚只一家"的遗风。其众多的建筑类型，特别是大型的老台门、宗庙建筑具有典型的代表性。其建筑工艺精美、规模宏大、用材考究，代表清中后期地方民居建筑设计和施工的高超工艺水平，在建筑历史及传统民居建筑等领域有较高的研究价值。尤其是其建筑装饰精工细作，石雕、砖雕、木雕、灰塑、题刻、书法、彩绘技艺熟练、工艺水平高超，具有较高的艺术价值和观赏价值。

崇仁古镇

崇仁镇古建筑

崇仁村建筑群（玉山公祠）

《《玉山公祠》》

　　玉山公祠建于清乾隆辛亥（1791）年，因崇仁镇望族裘氏纪念先祖玉山公而建造。玉山公祠坐北朝南，建筑面积1 000平方米左右，主体建筑都分布在纵轴线上，自南至北依次为屏风墙、门厅、戏台、正大殿、后厅。门厅和正大殿之间两侧均建有厢房，东西北三面筑有围墙，使整座建筑呈封闭状的四合院。

　　玉山公（1700-1788），字佩锡，号玉山，附贡生，敕赠儒林郎，为裘氏十九世祖。裘氏家族在崇仁镇聚居已有上千年的历史，如今留存的老台门建筑群始建于宋庆历年间，至今已有950多年的历史。裘氏历代家室兴盛，贤能辈出，自宋至清，有敕命、敕书、诰命等三十余道，秀才476人，明清文武举37人，进士4人。在"唯有读书高"的封建时代，家学渊源的玉山公当初为什么没有沿着先祖所走过的功名仕途继续攀登，而最终选择了经商，史料中似乎没有确切的记载，但可以明确的是，玉山公后来成了一位富甲一方的商人，并且用他的财富，开启了崇仁镇裘氏家族新一轮的繁荣。

　　发家以后的玉山公选择了以建造台门这种形式来体现自己的生命价值和寄托。他先后为5个儿子建造了主体相对独立而又能上下通连的5个台门，且建材和雕饰都考究精美，一方面向世人显示了自己强大的经济实力，另一方面也蕴涵着一位父亲对子孙后代能够世代团结相亲的美好祝愿。

　　深受父亲熏陶的儿子们在父亲过世3年以后，以先父的号为名建造了玉山公祠。

玉山公祠是子孙对玉山公景仰和缅怀的一个载体，因此，其地理位置处在崇仁镇古建筑群的中心部位，其建筑规模和档次，都为当时崇仁镇建筑群中的魁首，是当年裘氏家族财力、势力、智力以及当时地方最高建筑水平有机结合的产物。

玉山公祠

③ 人文之树

在经历了极其漫长的历史发展后，在会稽山周边地区一带，已经形成了一个以香榧树和香榧果为中心主题（或原型）的别具特色的民间传说群，这个传说群，既包括了带有某种神圣性的物种起源传说，也包括了越文化区域的著名历史人物传说、地方风俗传说和地方风物传说。

这些民间传说、歌谣、谚语、习俗等非物质文化遗产形态，承载了、体现了、延续了农耕文明条件下会稽山周边地区世居农民、手工业者等人群的宇宙观、生命观、伦理观、理想和憧憬，并在一定程度上穿越时空传承了上千年之久而不衰，时至今日，成为当今现代社会的民间文化的一部分。

在政府主导下进行的非物质文化遗产保护工作中，对珍贵的项目和濒危的项目进行抢救已成共识。香榧传说在普查中被发现和被记录，是地方政府和民众"文化自觉"得到提高的表现。就其在中国文化中的重要意义而言，学者刘锡诚认为，香榧堪称是继人参、葫芦之后的第三个"中华人文瓜果"，而香榧的传说，自然也就理所当然的可以称作"第三个中华人文瓜果传说"！

历数中华人文瓜果的家族，首先要提到长白山和大兴安岭中的人参。20世纪五六十年代，吉林省通化地区的长白山密林里流传的人参传说（故事）陆续被地方文化人记录下来，并接连在首都的报刊上发表，一下子引起了广大读者的浓厚

兴趣和广泛关注，挖参人及其命运、挖参故事，以及充满了幻想色彩的人参娃娃、棒槌姑娘、红兜肚、小龙参等等奇异诡谲的形象，在万千读者面前展现了一个深邃、陌生而有趣的世界。人参传说误打误撞地成为了第一个"中华人文瓜果传说"，并且一时间风靡了中外知识界。

葫芦是中国具有7 000多年栽培历史的草本藤本植物。中国东方文化研究会1996年在保利大厦召开"民俗文化国际研讨会"，主题是葫芦文化。学者钟敬文在会上讲话首次把葫芦定名为中华"人文瓜果"，最是引人注目。从《诗经》里的"绵绵瓜瓞，民之初生"的瓜果葫芦，到大洪水中人烟灭绝而在避水工具葫芦中得以逃生的兄妹二人经过种种考验而结为夫妻绵延后代的葫芦，……成为中外学者关注的中华文化一个聚焦点。洪水后"同胞配偶型的洪水神话"，有别于基督教《旧约》里的诺亚方舟式的洪水神话，是广泛流传于中国南部、台湾岛和南岛诸国的一个东方洪水神话类型。在人类数千年的发展历程中，葫芦逐步由"自然瓜果"转变为"人文瓜果"，形成了源远流长的葫芦文化，成为中华民族文化的重要组成部分，也被公认为世界文化起源之一。

会稽山一带的广大世居榧民，一代又一代，通过口耳相传的方式、创作和传播的香榧的传说，穿过跌宕起伏、剧烈动荡的漫长历史而延续到21世纪的今天，特别是在当代全球化、现代化、城镇化、信息化的巨大冲击下，大量的民间文学和民间文化，因其生存与发展的基础农耕文明条件的削弱乃至丧失，而无一例外地处在式微状态中，而香榧传说还能借助于榧树和香榧子这一物质的载体，而能保留下来许许多多在不同时代里产生并适应于当时的那些传统的观念，仍然以强劲的活力以口头的方式在民间流传，实在是一件幸事，也因此值得我们珍惜。

香榧及香榧传说，是古越之地的一个代表性文化符号，称之为人参及人参传说、葫芦及葫芦传说之后的第三个中华人文瓜果传说。

三

人与自然和谐
发展的典范

会稽山古香榧群落系统生物多样性丰富，拥有独特的香榧种质资源，丰富的农业物种和动植物资源。从生态系统服务的角度看，会稽山古香榧群资源不仅具有经济价值，是经济林和旅游的重要资源，能够促进当地的经济可持续发展；还是当地特有的一种森林植被类型，具有水土保持、涵养水源、气候调节、固碳释氧、净化环境、生境提供、养分循环等重要生态价值；同时还具有承继香榧起源与香榧文化发展的文化价值，可为当地居民提供多种多样的产品和生态服务。将古香榧群资源作为农业文化遗产进行动态保护，不仅有利于资源的保护与合理利用，而且能够促进当地经济、环境与文化的协调发展。

（一）丰富的生物多样性

❶ 丰富的香榧遗传资源多样性

会稽山区拥有较完整的榧树和香榧种质资源。根据品种资源调查，会稽山地区共有獠牙榧、茄榧、大圆榧、中圆榧、小圆榧、米榧、羊角榧、长榧、转筋榧、木榧、花生榧、核桃榧、和尚头、尼姑榧等十几个榧树（实生变异）品种，有普通细榧、东榧1号、东榧2号、东榧3号、东白珠、脆仁榧、丁山榧、朱岩榧等香榧（选育嫁接）品种。

2001年以来，香榧专家通过连续多年对浙江省主要香榧产地的反复调查和采样测定，在现有香榧生产群体中不同来源的品种辨认方面，通过对植株形态（主要是种实、叶片）和生物学特性（主要是发芽期、种实成熟期和丰产性能）的观察，并通过收集在同一地点的栽培比较试验，特别是通过随机扩增多态性DNA标记，肯定了原有香榧的细榧类型内，存在着来源不同的4个优良类型：细核型细榧（东榧1号）、细核早熟型细榧（东榧2号）、小叶型细榧（东榧3号）和大叶型细榧（普通细榧）。与此同时，也肯定了与细榧类型明显有别的丁山榧和朱岩榧都已形成品种。浙江省林木品种审定委员会认定的香榧优良品种有"东榧1号"、"东榧2号"、"东榧3号"和"朱岩榧"等。

诸暨香榧虽然已有千年以上的栽培历史，但除细榧外，东白珠、脆仁榧经良种认定后尚未推广，其余品种主要呈野生状态，在自然条件中，长期受生态环境的影响，有些品

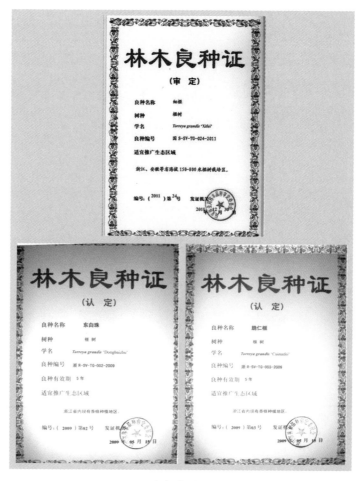

林木良种证

种已呈现消衰现象。浙江省除诸暨市林业科学研究所香榧采穗圃一家被省林业厅认定为经济林采穗圃外，其他尚未建立品质能够保证且经省级以上林木种苗管理部门认证的香榧良种采穗圃，良种穗条质量不稳定，良种苗木遗传品质参差不齐，致使香榧大规模造林存在风险。据不完全统计，2000年以来，全省香榧栽植面积以平均每年超过2 000公顷的速度增长，大量的苗木是通过农户繁育，从种植基地上采集穗条，品种质量无法保证。

近年来，从香榧（榧树）中仅筛选出优良品种8个，除细榧已通过国家级审定外，有的尚未完成无性系测定，与美国山核桃的500个品种相比相距甚远，可

见香榧良种选育工作迫切需要加强。由优株到优良无性系再到品种，建立香榧种质资源库正是为香榧良种选育提供一处平台，有利于丰富香榧品种资源，改变单一品种打天下的局面。

2013年2月，浙江省林业厅确定了首批15个省级林木种质资源库，诸暨市林业科学研究所名下的香榧种质资源库名列其中，这也是绍兴市首个入选的省级林木种质资源库。作为香榧主产地，绍兴准备用3年建成新的香榧良种繁育基地，整个项目总投资近1 000万元，到2013年4月止，基地已栽有两万多株香榧。据基地管理人介绍，这里的香榧包含100多个品种资源，有20多个品种是从安徽、江苏等省外采集过来的，其余80余份是省内品种。每年的春、夏、秋季，基地都要派人赶到外地去采穗。加上以前采集和培育的，目前整个繁育基地已拥有200多个品种资源的香榧树。

❷ 丰富的物种多样性

会稽山古香榧群所在地区地形复杂，自然条件优越，因而植物资源异常丰富，是浙江省内植物种类最丰富的地区之一。根据现有的资料统计得出，系统内共有植物1 456种，其中蕨类植物门23科55种，数量最多的是金星蕨科，共有8种；裸子植物6科22种，数量最多的是柏科，共有7种；双子叶植物115科1 118种，数量最多的是豆科，共有80种；单子叶植物19科261种，数量最多的是禾本科，共有117种。

会稽山古香榧群生态系统保存良好，气候温暖，水源充足，食物丰富，为动物的生存、繁衍提供了良好的环境，拥有丰富的动物资源。根据现有资料统计得出，系统内共有动物435种，两栖类2目8科22种，数量最多的是蛙科，共有11种；爬行类3目8科，54种，数量最多的是游蛇科，共有31种；鸟类15目40科259种，数量最多的是鹟科，共有86种；兽类8目20科68种，数量最多的是鼠科，共有11种；昆虫类7目15科21种；鱼类3目4科7种；蜈蚣、蝎子、水蛭和溪蟹各1种。

会稽山地区农业物种多样性丰富，区内主要种植粮食作物包括水稻、玉米、小麦、大麦、玉米、薯类、豆类。油料作物有花生、油菜、芝麻；主要经济作物包括茶叶、板栗、香榧、乌桕、银杏、食用菌、中草药等；桑蚕养殖也是其重要农业类型；此外，还有种类丰富的水果蔬菜等。资料显示，区内

榧林中其他植物（贾汉铨/提供）

共有水稻品种22个；玉米品种13个，其中本地品种1个；小麦品种4个，其中本地品种2个；薯类品种6个，其中本地品种2个。在种植农作物的同时，当地还有多种畜禽养殖品种，有猪、牛、羊、兔、鸡、鸭、鹅、蜜蜂等。

会稽山区可开发的林特产品较多，有香榧、茶叶、樱桃、竹笋、板栗、吊瓜子、葡萄、紫番薯等，受到城乡居民的喜爱。

绍兴会稽山区域内野生动物有哺乳类、飞禽类、爬行类等不下数百种。常见的有野鸭、狼、野猪、野兔、麂、松鼠、黄鼬、雉鸡、白鹭、猫头鹰、鸳鸯等。尤其是白鹭，每到繁殖季节，成群结队，十分壮观。

会稽山植物区系起源古老，孑遗种、特有种丰富，保存着一批珍稀濒危野生动植物。珍稀植物方面，会稽山古香榧群内被列入国家重点保护的植物共有13种。其中I级国家重点保护植物有银杏和南方红豆杉2种，II级国家重点保护植物有榧树、金钱松等11种。珍稀动物方面，有国家重点保护动物29种，其中I级保护动物5种，II级保护动物24种。

会稽山古香榧群地区国家重点保护动植物名录

保护级别	种类
I级保护植物	银杏（*Ginkgo biloba*）、南方红豆杉（*Taxus chinensis var. mairei*）
II级保护植物	金钱松（*Pseudoiarix amabilis*）、榧树（*Torreya grandis*）、天台鹅耳枥（*Carpinus tientaiensis*）、七子花（*Heptacodium miconioides*）、中华结缕草（*Zoysia sinica*）、樟（香樟）（*Cinnamomum camphora*）、浙江楠（*Phoebe chekiangensis*）、野大豆（*Euchresta japonica*）、凹叶厚朴（*Magnolia biloba*）、厚朴（*Magnolia officinalis*）、野菱（*Trapa incisa*）
I级保护动物	云豹（*Neofelis nebulosa*）、豹（*Panthera pardus*）、黑麂（*Muntiacus crinifrons*）、白鹳（*Ciconia ciconia*）、白尾海雕（*Haliaaetus albicilla*）
II级保护动物	穿山甲（*Manis pentadactyla*）、豺（*Cuon alpinus*）、水獭（*Lutra lutra*）、小灵猫（*Viverricula indica*）、獐（*Hydropotes inermis*）、鬣羚（*Capricornis sumatraensis*）、斑嘴鹈鹕（*Pelecanus philippensis*）、小天鹅（*Cygnus columbianus*）、鸳鸯（*Aix galericulata*）、鸢（*Milvus migrans*）、赤腹鹰（*Accipiter soloensis*）、雀鹰（*Accipiter nisus*）、灰背隼（*Falco columbarius*）、红隼（*Falco respertinus*）、白鹇（*Lophura nycthemera*）、勺鸡（*Pucrasia macrolopha*）、草鸮（*Tyto capensis*）、领角鸮（*Otus bakkamoena*）、雕鸮（*Bubo bubo*）、领鸺鹠（*Glaucidium brodiei*）、鹰鸮（*Ninox scutulata*）、长耳鸮（*Asio otus*）、蓝翅八色鸫（*Pitta brachyura*）、虎纹蛙（*Rana tigrina*）

《《《红豆杉与榧树有什么区别？》》》

红豆杉为红豆杉科红豆杉属植物，该属均为常绿乔木或灌木，雌雄异株、异花授粉。红豆杉属植物全世界有11种，分布于北半球的温带至热带地区。中国有4种1变种：东北红豆杉、云南红豆杉、西藏红豆杉、红豆杉、南方红豆杉。

南方红豆杉树与榧树皆为红豆杉科的常绿乔木，二者确实很相似。它们的主要区别是：① 榧树株高可达25米，而南方红豆杉只能长到16米左右。② 榧树叶条形，直而不弯；而南方红豆杉的叶略弯如镰刀。榧树叶稍短些，长为1.1~2.5厘米，宽为2.5~3.5毫米；而南方红豆杉叶长些，长为2.0~3.5厘米，宽为3.0~4.5毫米。③ 榧树的2条气孔带为黄白色；南方红豆杉的2条气孔带则为黄绿色。

红豆杉

红豆杉，又名紫杉，具有八大特点：

一是"国宝"。红豆杉是250万年前第四纪冰川时期遗留下的珍稀濒危物种，是植物中的活化石。1999年红豆杉被我国定为一级保护植物，全世界42个有红豆杉的国家均称其为"国宝"，是名副其实的"植物大熊猫"。

二是全天候增氧。红豆杉全天24小时吸入二氧化碳，呼出氧气，与其他植物相比，最大的优势是适合在室内摆放，起到增氧效果。

三是吸收有毒有害气体。红豆杉检测可以吸收一氧化碳、二氧化硫等有害物质，还能吸收甲醛、苯、甲苯等致辞癌物质，能净化空气，起到防癌作用。

四是含有抗癌物质紫杉醇。目前，红豆杉是世界万物中唯一可以提炼出紫杉醇的物种，紫杉醇是国际公认的治癌良药，广谱、低毒、高效，所以红豆杉作为天然抗癌提取物倍加珍贵。

五是吉祥树。金秋，红豆杉红果满枝，晶莹剔透，寓意吉祥，称之为"吉祥树"，树龄可达5 000年以上，被称为"长寿树"。

六是黄金树。红豆杉全身是宝，它的木材是优质红木，可做高档家具，果实可做保健品，根部可做工艺品，皮与细根是提炼紫杉醇最好的原料，所以又称为黄金树。

七是耐阴耐温。红豆杉是极好的盆栽观叶植物，它喜阴湿、避阳光，少浇水、极好养护，在温度高达41度时，仍然生长良好，温度在零下6度时还能微长，四季常青，造型美观，是南北适宜的常绿植物。

八是防避蚊虫。红豆杉能够驱除蚊虫，减少疾病的发生，延年益寿。而且在生长过程中能挥发香分子，清新淡雅，炎热夏天令人神清气爽，心旷神怡。

❸ 丰富的生态系统多样性

会稽山区动植物区系成分复杂，生态系统类型多样，森林是会稽山生态系统的主体，是物种多样性的依托。会稽山区域内森林植被以香榧林、针叶林、毛竹

林为主，间有常绿阔叶林，植物资源丰富，分布着大量的国家一、二级保护树种。针叶树种以马尾松、柏木、杉木、柳杉等为主。阔叶树种以壳斗科、木兰科、樟科、山茶科、豆科等树种为主。乔、灌、草有机结合，构成良好的森林植被，也保持着比较完整的森林生态系统。

会稽山古香榧群森林垂直结构可以分为乔木层、下木层和地被层。乔木层中香榧为古树群的建群种，往往与铁冬青、枫香等阔叶树共同占优势，也有的与马尾松、柿树共同占优势构成群落。伴生种主要有马尾松、银杏、香樟、木荷、栲树、大叶冬青、木犀、铁冬青、石楠、茶、板栗、枫香、麻栎、玉兰、朴树、黄檀、响叶杨、毛竹等。古树群中有很大一部分是属于间作类型的，即上层以香榧为主，下层间作茶、板栗、菜竹等经济林木或蔬菜、农作物，间种蔬菜、农作物的类型，其优势种随季节变化而变化。除间作类型古树群外，灌木层的优势种往往不太明显。间作类型的古树群其伴生种较为单一，其他的古树群伴生种种类组成相对复杂，常见的有盐肤木、杂竹、杜鹃、满山红、栀子、合欢、菝葜、乌药、山胡椒、野山楂、豆腐柴、中华绣线菊、美丽胡枝子等。

古树群地被层通常较为稀疏，有蕨类植物如蕨、芒萁等，禾本科、菊科的常见草本占优势，或优势种不明显。伴生种多为禾本科、菊科、蓼科、唇形科的植物，常见有狗尾草、蒲公英、马兰、野芝麻、鸭趾草、野苎麻、阔叶麦冬、车前等。此外，层间植物通常不发达，常见有光叶拔契、络石、野葛、珍珠莲、紫藤、金樱子、异叶爬山虎、木通、石岩枫、蛇葡萄等。

古树群地被层

《《生物多样性的概念与价值》》

根据《生物多样性公约》的定义，生物多样性是指：所有来源的活的生物体中的变异性，这些来源包括陆地、海洋和其他水生生态系统及其所构成的生态综合体；这包括物种内、物种之间和生态系统的多样性。

生物多样性是生物及其与环境形成的生态复合体以及与此相关的各种生态过程的总和，由遗传（基因）多样性，物种多样性和生态系统多样性三个层次组成。遗传（基因）多样性是指生物体内决定性状的遗传因子及其组合的多样性。物种多样性是生物多样性在物种上的表现形式，也是生物多样性的关键，它既体现了生物之间及环境之间的复杂关系，又体现了生物资源的丰富性。生态系统多样性是指生物圈内生境、生物群落和生态过程的多样性。

生物多样性是地球生命的基础。它的重要的社会经济伦理和文化价值无时不在宗教、艺术、文学、兴趣爱好以及社会各界对生物多样性保护的理解与支持等方面反映出来。它们在维持气候、保护水源、土壤和维护正常的生态学过程对整个人类做出的贡献更加巨大。生物多样性的意义主要体现在它的价值。对于人类来说，生物多样性具有直接使用价值、间接使用价值和潜在使用价值。

（1）直接价值：生物为人类提供了食物、纤维、建筑和家具材料及其他生活、生产原料。

（2）间接使用价值：生物多样性具有重要的生态功能。在生态系统中，野生生物之间具有相互依存和相互制约的关系，它们共同维系着生态系统的结构和功能。提供了人类生存的基本条件（如：食物、水和呼吸的空气），保护人类免受自然灾害和疾病之苦（如，调节气候、洪水和病虫害）。野生生物一旦减少了，生态系统的稳定性就要遭到破坏，人类的生存环境也就要受到影响。

（3）潜在使用价值：野生生物种类繁多，人类对它们已经做过比较充分研究的只是极少数，大量野生生物的使用价值目前还不清楚。但是可以肯定，这些野生生物具有巨大的潜在使用价值。一种野生生物一旦从地球上消失就无法再生，它的各种潜在使用价值也就不复存在了。因此，对于目前尚不清楚其潜在使用价值的野生生物，同样应当珍惜和保护。

（二） 独特的山地利用系统

坡地上垒出的台地

竹竿做的护栏

香榧生于乱石间不怕干旱

① 独特的水土保持能力

　　古香榧林的经营体现了会稽山历代先民的集体智慧，传统的古香榧群具有令人赞叹的抗灾害能力。对会稽山区来说水土流失是一大威胁，山坡地形复杂，在台风暴雨季节，陡坡山地是容易发生水土流失的位置。很早以前，会稽山区的先民就发明了多种方法，比如利用石块在坡地上垒出阶梯状的台地，或者在陡坡上插上竹子做的栏杆，种上香榧树，并利用香榧树茂密的树冠缓冲暴雨的冲刷，同时林下套种间作其他作物，阻挡水土流失。

　　香榧本身也是水土保持能力很强的树种。香榧树冠浓密，叶面积指数高，林下落叶层厚，而且树叶不含树脂，容易腐烂，对涵养水源有重要意义。研究表明，古香榧林一年的涵养水源总量为每公顷1 026.3吨，远远高于杉木树一年每公顷34.20吨的水源涵养量。香榧还是抗旱性很强的树种，进入成年的香榧即使遇到夏、秋季长期干旱也很少发生落叶、枯枝和落果现象。2003年8~9月浙江香榧产区遭受50年未遇的长期干旱，不少山区河流干涸，饮水断绝，杉、竹、柏林出现成片凋萎或枯死现象，而同地的香榧仍然郁郁葱葱、结实累累。

根据当地香榧专家介绍，2012年"海葵"台风袭击会稽山区，他曾到同一个县的两个地方去考察受灾情况，场景完全不同。在一片实行茶园套种的古香榧群区域，流水清澈，没有什么水土流失，损失很小。而在山地植被遭到破坏的地区，水土流失严重，损失很大。即使在一些新的香榧种植区域，当采用了和传统方法类似的间作套种的农业形式时，抗击台风的效果也非常好。2012年6月强台风来袭时，会稽山地区两天降雨量达到500毫米，降雨最多的地方达到了800毫米。雨停后人们上山查看，这些新的香榧种植区域也是溪水清清，并未遭受多大的损害。而那些没有采用套种的新香榧林的现场则一片狼藉。2013年会稽山地区又出现了历史罕见的高温干旱天气，最高气温达到44.5℃。高温干旱天气是检验种植理念优劣的好时机。结果发现，古香榧群基本上安然无恙，而且在高温天气中，人们走在古老的香榧树下，感觉非常凉爽。但山坡上一些新种的香榧树却被晒死了，尤其是低海拔地区的新种香榧树更容易被晒死。

套种茶园的古香榧群
（陈锦宇/提供）

一位当地专家说，古香榧树都活了一千年了，什么大灾大难没有经历过？古香榧林能够穿越岁月的考验活到今天，依然年年硕果累累，证明了一些传统种植技艺的科学性古香榧树让我们思考，在发展现代农业技术的今天，借鉴千百年来积累下来的传统农作技术是多么重要。

千年古香榧林（赵均伟/提供）

② 高效的复合经营体系

会稽山地区围绕着香榧的农业活动非常丰富，并非只有对香榧树的管理。香榧性喜温湿凉爽，幼树需要庇荫，成年结果后则要求光照充足、通风，以利花芽分化和风媒传粉，因此适宜在山坡地上零星栽种或与旱粮间作套种。通过间作等复合经营，既保持水土，又获得经济收益。

榧林中间种其他作物普遍见于会稽山地区，常见的间作模式有榧茶间作、榧菜（豆、芋艿、马铃薯、瓜类）间作、榧粮（麦子、玉米）间作、榧药间作、榧林养鸡以及香榧和板栗、杨梅、樱桃等作物混作。此外，当地的山民还在香榧林边种植水稻等其他产品。茶树是会稽山先民喜爱的一种农作物，他们把茶树种植在香榧树的旁边，不仅起到保持水土的作用，而且还能够有茶叶的收获。板栗树和毛竹适合在山坡上生长，它们与香榧树一起经风沐雨。此外，一些豆类、南瓜也被种植在香榧树下。

间作时，山民会利用农业各种作物的高度差和根系深浅不同，以及对于肥力和阳光的需求，将间种的作物与榧苗相隔一段距离，以保证香榧与间作作物都能够获得充分的养料与阳光。

榧茶间作（陈锦宇/提供）

榧芋套种（陈锦宇/提供）

香榧林边种植水稻（陈锦宇/提供）

（三）重要的生态服务功能

自然生态系统不仅可以为我们的生存直接提供各种原料或产品（食品、水、氧气、木材、纤维等），而且在大尺度上具有调节气候、净化污染、涵养水源、保持水土、防风固沙、减轻灾害、保护生物多样性等功能，进而为人类的生存与发展提供良好的生态环境。为体现自然生态系统的重要性，人们将对人类生存与生活质量有贡献的所有生态系统产品和服务统称为生态系统服务。自然生态系统服务的质量和数量决定了人类生存与发展的质量和前景，维护和建设良性循环的自然生态系统就是在维护人类生存与发展的基础。

《《《 全球生态系统服务价值 》》》

美国Costanza等人在测算全球生态系统服务价值时，将全球生态系统服务分为17类子生态系统，之后采用或构造了物质量评价法、能值分析法、市场价值

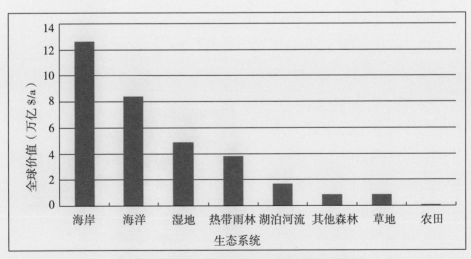

全球生态系统服务价值（Costanza等，1997）

法、机会成本法、影子价格法、影子工程法、费用分析法、防护费用法、恢复费用法、人力资本法、资产价值法、旅行费用法、条件价值法等一系列方法分别对每一类子生态系统进行测算，最后进行加总求和，计算出全球生态系统每年能够产生的服务价值。结果表明全球生态系统服务每年的总价值为16万亿~54万亿美元，平均为33万亿美元。33万亿美元是1997年全球GNP的1.8倍。

会稽山古香榧群提供的服务按其用途可分为供给功能、调节功能、文化功能和支持功能。供给功能是指人类从生态系统获得各种产品，如食物、燃料、纤维、洁净水以及生物遗传资源等。调节功能是指人类从生态系统过程的调节作用获得的效益，如维持空气质量、气候调节、侵蚀减缓、人类疾病控制和水源净化等。文化功能是指通过丰富精神生活、发展认知、大脑思考、消遣娱乐和美学欣赏等方式使人类从生态系统获得的非物质效益。支持功能是指生态系统生产和支撑其它服务功能的基础功能，如初级生产、制造氧气和形成土壤等。

① 供给功能

（1）食用。香榧不仅味美，而且营养十分丰富，每100克香榧种仁（果肉）含水分6.4克，蛋白质10克，脂肪44.1克，碳水化合物29.8克，粗纤维6.8克等，另含钙71毫克，磷275毫克，铁3.6毫克。香榧种仁中含有19种矿物元素，生命必需元素钙、钾、镁、铁、锰、铬、锌、铜、镍、氟、硒等全部具备，其中钾、钙、镁、铁、锌、硒等元素含量丰富，具有很高的营养价值。香榧油脂含有8种脂肪酸，以亚油酸、油酸等不饱和脂肪酸为主，不饱和脂肪酸占脂肪酸总数的78.89%，是容易消化、有利于降低胆固醇的高

香榧糕

级食用油。

（2）药用。榧子的药效与营养价值一样，都与榧子所含的成分有直接关系。与有些植物油的降脂作用没有选择性相比，香榧子油能选择性地降低血清总胆固醇（TC）和甘油三酯（TG），升高血清高密度脂蛋白胆固醇（HDIL-C），可见香榧子油具有较高的药用价值。榧子仁中所含的四种脂碱对淋巴细胞性白血病有明显的抑制作用，并对治疗和预防恶性程度很高的淋巴肉瘤有益。因榧子含有大量的脂肪油等物质，具有消除痔积、润肺滑肠、化痰止咳之功能，并可用于防治多种肠道寄生虫病。榧子中脂肪酸和维生素E含量较高，经常食用可润泽肌肤、延缓衰老。食用榧子对保护视力有益，还有治疗小儿遗尿及护发等作用。香榧的假种皮含有防治癌症的5种二萜类化合物，分别是香榧酯、18-氧弥罗松酚、18-羟基弥罗松酚、花柏酚和半日花烷类衍生物。香榧与其他红豆杉树木一样，含有具抗癌活性的生理活性物质——紫杉醇。每千克香榧种仁中含维生素D达129毫克，高于一般干果许多倍。

（3）工业材用。据测定，香榧的假种皮含有1.4%左右的柠檬醛和1.7%左右的芳樟酯，是高级芳香油的极好原料。每千克香榧假种皮，可获蒸馏油200~300克。香榧树材质优良，坚硬光滑，纹理通直，质地致密，硬度适中，有弹性，不反翘、不开裂、不变形，是建筑、枕木、家具、造船和工艺雕刻的良材。早在西晋时期，会稽山区就以出产的榧木作为船舶、棺材、梁柱的材料。东晋时，会稽山区所产榧木制作的书几等家具，倍受书圣王羲之等文人雅士的珍视。到唐朝，会稽山所产榧木已经名满天下，"木之奇者，稽山之榧"逐渐成为人们的共识。

（4）基因资源。会稽山的古香榧群是古代劳动人民从野生榧树中经过人工选择和嫁接培育而成的优良品种，是中国古代果树大规模嫁接技术最好的展示，是古代良种选育和嫁接技术的"活标本"。这样保存了千年以上、数量众多、资源集中的人工嫁接，现今能硕果累累，又经济效益极

香榧精油

高，可以说在世界上也是独一无二的。苗圃中的实生苗或移栽种植的榧苗，都必须通过嫁接，才能在生长后结出榧果。近年来，稽东香榧声名远播，不仅榧果价格连年走高，香榧苗和香榧嫁接枝的价格也是一年高过一年。2007年前后，一枝香榧嫁接枝的价格是1元，而到了2011年，价格则涨到5元左右。

❷ 调节功能

（1）土壤保持。会稽山地处东南沿海，受台风暴雨影响，水土流失比较严重，而香榧最适生长在海拔200~800米的山地上，且一年四季常青，有利于保持水土。种榧造林可以很少、甚至不破坏原有植被环境，避免了新造林产生的水土流失。有研究结果显示，与油桐林、油茶林、乌桕林、板栗林、茶园、桑园、果园等比较来说，香榧树林的水土流失量最低。

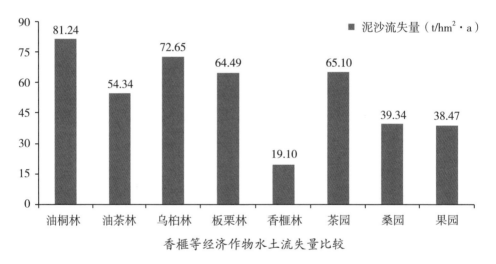

香榧等经济作物水土流失量比较

（2）水源涵养。森林能够涵养水源、削减洪峰、延长供水期增加供水量（补枯），森林涵养水源能力主要体现在林冠截留、枯落物持水和土壤非毛管孔隙蓄水3个方面。森林土壤是森林涵养水源的主要场所，香榧生长的土壤有机质含量高、肥沃、通气，排水良好，土层厚度50厘米以上，具有较好的水源涵养能力。

（3）气候调节。植物一方面通过树冠阻挡阳光，减少阳光对地面的辐射热量；另一方面通过蒸腾作用向环境中散发水分，同时大量吸收周围环境中的热量，降低环境空气温度并增加空气湿度。古香榧群庞大的林冠层，在大气与地表之间调节温度和湿度，形成了林内小气候。林区低温高湿的气候特征，加上古香榧群枝叶的总面积较大，造成夜间强烈辐射冷却，有利于形成雾、露、霜和雾凇等凝结物，增加水平降水。研究表明，香榧林相比空地温度低4.4℃，湿度增加17.4%，充分说明香榧群落有较好的降温增湿效果，能够起到调节气候的作用。

（4）固碳释氧。森林有很高的生产力，加之森林生长期长，又经过多年的积累，它的生物量比其他任何生态系统都高。因此，森林除了是丰富的物种宝库，还是最大的能量和物质的贮存库。根据光合作用方程式，生态系统每生产1.00克植物干物质能固定1.63克二氧化碳（CO_2），释放1.20克氧气（O_2）。榧属生长慢、结实迟、寿命长的树种，相比其他速生树种，香榧固碳释氧能力并不突出。自然生长的百年生实生榧树树高仅10米左右，胸径20~30厘米。人工栽培下，实生苗1~2年生长缓慢，1年生苗高仅15~20厘米，2年生高20~40厘米，从第三年起生长加快，年高生长量达30厘米以上，干径年增长量可达1厘米左右。

（5）净化环境。森林对空气的净化作用，主要表现在能杀灭空气中分布的细菌，吸滞烟灰粉尘，稀释、分解、吸收和固定大气中的有毒有害物质，再通过光合作用形成有机物质。据测定，森林中空气的SO_2（二氧化硫）要比空旷地少15%~50%。若是在高温高湿的夏季，随着林木旺盛的生理活动功能，森林吸收SO_2的速度还会加快。相对湿度在85%以上，森林吸收SO_2的速度是相对湿度15%的5~10倍。此外，树木能分泌出杀伤力很强的杀菌素，杀死空气中的病菌和微生物，对人类有一定保健作用。有人曾对不同环境，每立方米空气中含菌量作过测定：在人群流动的公园为1 000个，街道闹市区为3万~4万个，而在林区仅有55个。

❸ 文化功能

（1）旅游。香榧枝条紧密，树冠圆整，终年常绿、且适应性较强，为我国特有的观赏树种。香榧果更为奇特，从开花授粉至种子成熟历时17个月之久，每年5~9月在香榧树上会出现"二代果"现象，而成片的榧林则更具有观赏价值。

2014年9月，绍兴会稽山古香榧群被浙江最美森林评选委员会评为"浙江最美森林"。以香榧资源为依托，绍兴市建有"浙江诸暨香榧国家森林公园"、"绍兴千年香榧省级森林公园"和"嵊州香榧省级森林公园"3个香榧公园，为人们提供了以香榧为主题的旅游、观光、休闲和科学文化活动的特定场所。

《《 诸暨香榧国家森林公园 》》

　　浙江诸暨香榧省级森林公园于2004年批准设立，于2009年12月被认定为国家级森林公园，公园位于诸暨市东南部，规划总面积3 869.2公顷。目前，公园内香榧树栽培面积已达3万余亩，拥有香榧古树群126个，占地1万余亩，百年以上香榧古树达28 771株，出产香榧占全国总产量的60%以上，是国内最大的香榧集聚地。公园内几万亩珍稀榧树，连绵成林，历经千年，姿态奇异，气势壮观，是世上罕见的自然奇观。公园内山高林茂，空气清新，奇景异趣，堪称人间仙境。香榧文化历经千年岁月，留下了无数历史传说和名诗佳话，形成了"珍稀、吉祥、远古"的文化理念。而这里的古榧奇姿、林茂树古、重岩飞瀑、清流激湍，人文点缀，都显得那么自然，置身其中如入梦境。

诸暨香榧国家森林公园（陈锦宇/提供）

　　（2）人文。会稽山古香榧群历史悠久、古老珍稀，公元前2世纪初的《尔雅》是记载榧树的最早文献，绍兴的地方文献如《嘉定剡录》《国朝三修诸暨县志》以及一些医书如《名医别录》《本草》等都有记载。自唐代开始，文人墨客以香榧为题材所作的诗词以及历史名人关于香榧的轶事，有不少流传至今。近年来，有关会稽山古香榧群的文化挖掘与艺术价值研究不断深入，如王继岗主编的《姜宝林走进千年香榧林》、骆冠军主编的《油画·中国香榧》和周光荣主编的《香榧传奇》等，都对古香榧群的文化与艺术价值给予了很高的评价。

（3）科研。由于会稽山古香榧群具有营养学、医药学、生态学、植物学和历史地理学等多种学科的研究价值，绍兴市通过成立香榧研究所、香榧省级科技创新服务中心等机构，建设香榧种质资源库等来研究和开发会稽山古香榧群。

关于香榧的出版物（陈锦宇/提供）

例如诸暨历来重视香榧的科研，从20世纪50、60年代的香榧人工授粉、圃地育苗、小苗嫁接、假种皮提炼香油到70、80年代成立林科所，专门搞香榧科研，取得种砧、根砧嫁接育苗、扦插繁育等科研成果，特别是近几年，在绍兴市委市政府领导下，实施科技兴榧战略，

香榧嫁接

进行科技攻关，并重点抓好科技成果的推广、技术培训和信息服务，使诸暨市的香榧种植面积、产量和产值猛增，同时也带动了周边县市香榧产业的发展。2014年8月30日，由浙江农林大学与诸暨市人民政府共同组建的中国香榧研究院正式成立，

国家林业局香榧工程技术研究中心也同时揭牌。中国香榧研究院将围绕香榧产业发展的共性、关键技术，开展技术创新、产品研发、成果转化、技术服务和人才培养。研究院的成立，将有效整合有关地方政府、科研院所、龙头企业等优势资源，加速香榧"产学研"深入开展，为香榧产业又好又快发展提供强有力的科技支撑。

❹ 支持功能

（1）生境提供。生境是生物的个体、种群或群落生活地域的环境，包括必需的生存条件和其他对生物起作用的生态因素。绍兴会稽山古香榧群区域内良好的生态环境，孕育了以香榧林、针叶林、毛竹林为主，间有常绿阔叶林的森林植被类型，为哺乳类、飞禽类、爬行类等众多野生动物提供了栖息地。

（2）养分循环。正常的落花落果是树种的自我调节现象，对保证树体生长与生殖的平衡和种子的正常发育都是必需的。香榧种子从授粉到成熟跨2个年度，其落花落果主要集中在2个时期，一是落花，发生在开花后10-30天内，雌球花发黄，相继脱落，时间约在5月中旬至6月上旬，落花量约占雌球花总量的25%左右；二是幼果脱落，指前一年形成的幼果，在当年开始膨大期的5~6月发生落果。落果量约占幼果总数的80%~90%，对产量影响极大；加上前一年落花率25%，从雌球花到最后成熟种子的百分率仅11%左右。

❺ 综合服务功能

会稽山古香榧群是中国11个全球重要农业文化遗产之一，对其生态服务价值进行评价，有助于人们进一步认识这一重要的农业文化遗产类型，并针对性地开展保护工作。研究表明：会稽山古香榧群提供的综合生态服务功能价值高达每年86.14万元/公顷；其中林副产品等供给功能价值为每年36.86万元/公顷，土壤保持、水源涵养、气候调节、固碳释氧、净化环境等调节功能价值为每年20.78万元/公顷，遗产、旅游、人文、科研等文化功能价值为每年28.45万元/公顷，生境提供、养分循环等支持功能价值为每年489元/公顷。古香榧群综合服务价值远高于我国森林生态系统服务价值平均水平（每年1.94万~2.03万元/公顷）。

四

从舌尖留香到
百世流芳

香榧树寿命长达数百年至上千年，一般种植十余年后才会挂果；且香榧从开花到成熟需跨两个年头，香榧的这些特性，增加了其神秘色彩，会稽山榧农中流传的很多民间传说、故事都带有这种神秘性。同时，古香榧树位于榧农村前屋后，与其日常生活密切相关，歌谣等作品又有浓郁的生活气息。神圣性与生活性并存，成为会稽山古香榧传说、故事、歌谣等民间文学作品的显著特点。

（一）　第三中华人文瓜果传说

❶ 香榧来源的传说

香榧称为"圣果"，榧农在解释其来源时也往往表现其神秘性。到底是谁带来香榧？关于香榧的来源，民间的说法有不同版本。田野调查收集到多则流传在会稽山古香榧集聚地的香榧来源传说，主要集中在仙女（无名仙女、嫦娥、七仙姑）带来香榧果主题上。

柯桥区稽东镇榧农认为古香榧是由两位仙女从天庭偷来的。她们向往凡间生活，在南山上种植香榧，不幸被玉皇大帝发现，他命令天兵天将处死仙女以示惩戒。天兵天将处死两位仙女后，还挖出她们的眼睛，抛弃到仙女培育的香榧苗上。此后，结出的每粒香榧上都有一对小眼睛，相传就是仙女的眼睛。吃香榧时只要轻轻按这对小眼睛就能轻松打开香榧了。

稽东镇当地流传着香榧来自湘妃的传说。当时舜为了躲避丹朱的迫害，与娥皇、女英两位妃子逃入会稽山腹地，靠采摘野果为生。后舜下会稽山会百官，两位妃子饥饿难耐，突然闻到异香，两人顺着香味寻去发现有一位老妇人正在石锅中炒干果，并称干果为"三代果"。原来老妇人正是舜的母亲，见娥皇、女英困苦便下凡搭救，当时女英已怀孕，正好是"三代"。娥皇、女英便在会稽山广植"三代果"。39年后，舜帝驾崩，两位妃子投湘江而死，称"湘妃"，会稽山民便把她们种下的"三代果"叫做"湘妃",久而久之,"湘妃"又写成"香榧"二字。

诸暨市赵家镇的榧农将香榧来源归于嫦娥,并流传着佛手树镇压蝙蝠精的传说。据传,嫦娥欲下凡与凡人结为夫妇,玉皇大帝成全了她的痴心,并以香榧树、佛手树为嫁妆。嫦娥下凡后,夫妇二人辛勤种植香榧树,但成熟的香榧总是被蝙蝠洞的蝙蝠精偷吃,嫦娥对此也是束手无策。后来,发现那棵佛手树附近的香榧从不减少,才明白蝙蝠精怕佛手树。于是嫦娥将佛手树移到蝙蝠洞口,从此将蝙蝠精镇在洞内,香榧的产量也得到了保障。

嵊州市通源乡流传着七仙姑送香榧树的传说。玉皇大帝的小女儿七仙姑因为要到凡间寻找如意郎君,被父亲囚禁起来。王母娘娘可怜七仙姑,便偷偷将其放了,并告诉她通源乡松明培村有一五通岩可直达人间。临别时,王母娘娘还给了七仙姑两粒香榧种子,嘱咐其只需好好种植便足以在人间衣食无忧。七仙姑逃到人间后,把种子种在了松明培的山上。从此松明培附近逐渐形成了大片榧林。

通源乡松明培村

为了纪念七仙姑,人们在五通岩里雕了尊"七仙姑"像,每年的农历七月初六夜开始,村里的人们便挑着好酒、备了好菜,无论老少男女,成群结队地去五通岩向"石娘娘"祭拜、感谢,通宵达旦。甚至很长一段时间,凡嫁到松明培的新娘,都要亲手种下一棵香榧树,若香榧树成活,才能被夫家真正接纳。

嵊州长乐等乡镇还流传着平天寺得道高僧因慈悲之心嫁接木榧成香榧的故事,但是流传面都没有仙女送种子广,影响也较小。

❷ 历史人物与香榧的传说

香榧是一种珍贵的干果,为了凸显其身价,会稽山区流传着不少名人与香榧的故事。秦始皇御口封香榧、王羲之提笔书香榧、西施眼等故事口耳相传。

相传公元前210年，秦始皇东巡时曾亲临会稽山，当地官吏奉上特产珍品香榧，还未见其果，香味即扑鼻而来。秦始皇金口品尝，其松脆可口，又香又甜又鲜，龙颜大悦，便随口问道："此仍何果？"官吏回答"柀子"，秦始皇说道："此果异香扑鼻，世上罕见，叫香柀如何？"众人忙齐声附和："谢圣上龙恩赐名！"从此，会稽山一带的乡民叫柀子为香柀，后来又改叫香榧。

东晋时期杰出的书法家王羲之无榧不醉酒，也留下了一段佳话。王羲之喜欢与文朋诗友相聚，赏鹅赏榧喝酒，只要有香榧，他就置别的山珍海味于不顾。一日，一员外欲求王羲之的书法，就特意请他喝酒，因席间没有香榧，王羲之酒兴不发，书法无从谈起。酒毕，王羲之踱到偏间，见一木匠正在做八仙桌，就随口问道："此桌用何木而做？"木匠答道："香榧木。"王羲之闻听此言，便来了兴致，细看此木，只见色泽黄润，质地上乘，一摸光滑润柔，果真是上等木材，于是情不自禁拿起笔来饱蘸浓墨，欣然在八仙桌上写下"香榧"两个苍劲有力的大字。待王羲之走后，木匠觉得桌上留有两个字不妥，正想刨去。这时员外过来问清缘由后大喜过望，赶紧吩咐木匠不能刨，要用真漆漆好这两个字，使它更光彩夺目。从此，员外就将这八仙桌作为珍品珍藏起来，只要有贵客来访，便自豪地抬出这张"香榧桌"供宾客观赏，员外由此也风光不少。

香榧与越地美女也有故事，香榧上两颗眼睛状的凸起，至今仍被称为"西施眼"。香榧果壳坚硬不易打开，吴王为了考验大家便在宫里进行剥香榧比赛。美女郑旦等人或用手剥或用嘴咬，丑态百出且剥出的香榧果少有完整的。只西施一人用手轻轻一捏便剥开果壳，取出的榧肉也是完整清爽。原来她发现只需用拇指和食指轻捏香榧壳上的"眼睛"就能将壳打开。吴王大喜，为赞西施美貌与聪慧，将香榧的"眼睛"命名为"西施眼"。

西施眼

❸ 地方风俗传说

香榧的丰歉，在所有的生产过程中，总是伴随着民众的祈愿祈福心理、崇拜祭祀仪式和庙会。这些活态的信仰活动和民俗事象，既给香榧的传说注入了活力，使其代代相传而不衰，又以强大的精神力量和集体认同感，保护了古香榧树群的生长安全。

嵊州西部的通源乡，海拔400多米的通益村茶坊的七仙姑庙里，作为绍兴会稽山古香榧民俗系列活动的展示现场，每年农历七月初七，村里的香榧要开始采摘的时候，村民们都会自发地聚集在这里，为香榧的丰收与采摘者的平安祈福。祈福仪式包括：全体肃立雅静；祈七仙姑保佑四方平安，四季风调雨顺，香榧果硕满山，五谷丰登，六畜兴旺，恩泽百姓，并请三位长者向七仙姑敬香；诵读《歌七仙姑辞》；全体人员向七仙姑行礼祈福；奏乐鸣炮；礼成！虽然整个仪式的过程很短，但从村民们那虔诚的脸上可以看出他们心里的坚定。邻村的村民也有不少专程赶来参加。据村里的老人讲，传说香榧的种子是七仙姑带来的，村民们为了感谢仙姑的恩惠，就在这里建了一座仙姑庙来供奉。

绍兴舜王庙会是缘于会稽山区的人们对舜王特别的信仰和崇拜，而逐渐形成的农历九月廿七为舜王庆生的民间活动。它集山区人民民俗风物、山区民间文艺和古代山区传统市集为一体，在会稽山区这块土地上世代相传。

会稽山区至今遗留下三座舜王庙，数王坛舜王庙规模最大，保存最完好，它位于绍兴城东南柯桥区王坛镇两溪村舜王山之巅，始建年代已难于考定。今庙为清代咸丰年间重建，同治元年（1862年）重修，有庙内碑刻为证。绍兴王坛原名"黄坛"，是传说中

舜王庙会

舜巡狩会稽山之际，筑坛祭天的遗址。每年9月27日王坛舜王庙都有庙会，一般持续3天，从9月26日祭神开始到9月28日谢神结束。自明清以来，舜王庙会久盛不衰，是因为它有独立的组织领导机构——"社"和"会"。若轮到规模大的社当值，庙会则持续5天，从24日祭神开始到28日谢神结束。

解放前的舜王庙会主要是带有宗教色彩的祭祀虞舜活动；兼有演戏、娱神、也娱人的功能；并且具有一定的经济职能。庙会的另一种形式是舜王菩萨巡会，即根据舜在世时巡狩的习惯，定期抬舜王菩萨去巡视，观看、迎送者达数十万人之多，是一种非官方的、由群众自发举行的规模较大的信仰活动。1952年是舜王庙会的最后一次巡会。解放后，由于"社"与"会"的自然解体，这种巡会形式已不再举行。只能在会稽山区老人的口中得知当年的盛况。

1958年公社化后，当时的舜王庙会禁止迷信活动，只准物资交流。改革开放后，王坛镇政府举办了舜越文化节，政治、经济、文化气息较浓。2001年曾适当恢复了庙会巡会的一些传统。2005年，王坛镇举办了"2005绍兴舜越文化节开幕式暨祭舜王庙典礼"活动，影响较大，活动主要是向舜王敬献五谷、祭文、诵诗、文艺表演、农产品推介、经济恳谈等。

供奉玄坛菩萨的稽东镇月华山玄坛庙始建于明朝，距今已有400多年历史。传说云游和尚来到龙塘岗和月华山的山凹之处，看到两山相峙的峡谷中不断涌出清甜可口的甘泉，又看到满山遍坡的香榧树和各种竹笋、茶叶，深为这桃花源中的胜圣美景所吸引，便脱口说出了"此为玄坛建庙之福地也"，由此启发了当地居住在此的黄氏祖先，并在得到同姓富豪黄百万的鼎力捐助下，遂决定在此筹资建庙，当时庙的建筑为正方大厅及藏经楼三间，古戏台、大佛殿（高平屋三间）、斋堂（平面三间）、山神殿、磨坊、千年榧树等，庙内供奉赵玄坛赵公明和何、金、白、周四大天尊。月华山玄坛庙是会稽山千年香榧林景区中重要的古建筑文物，在绍兴、诸暨、嵊州三县市的交界区域内知名度较大。

❹ 地方风物传说

地方风物传说通过生动的故事情节，对会稽山区与香榧传说有关的自然物或人工物的来历、特征、命名原因等给以解释说明。如通源的《七仙女、五通岩与香榧》、诸暨市赵家镇的《走马岗与香榧》等传说。

在嵊州市通源乡松明培村有个五通岩，岩下有一个石洞，洞口大，可以让五六个人并排进出，一走进洞里，里面可以站二三十个人。洞里原来有七仙姑塑像，当地人都叫她"石娘娘"。五通岩前面还有一口井，井水很清很清，无论怎样舀都舀不完。村里的老人一代代传下来有这样一种说法：五通岩上通天，"金、木、水、火、土"五行和谐；下接地，"粟、豆、麻、麦、稻"五谷丰登，非常神奇。相传天上的七仙女抗婚的时候，这个五通岩出过大力。七仙女在王母娘娘的帮助下，通过五通岩很顺利地逃到了人间，过上了幸福的生活。

诸暨市枫桥镇镜内会稽山脉中段（今赵家镇）的走马岗，主峰海拔835米，为会稽山脉第二高峰。说来恐怕难以相信，近千米高的走马岗山顶上竟有一块比篮球场还大、坦荡如砥的大岩石，岩石上密密匝匝留着许多马蹄印。这些马蹄印，有的像马匹狂奔时留下的；有的像马匹溜达时留下的；有的像马匹从天而降时留下的；有的像马匹腾空而去时留下的。走马岗因为高，经常是白云绕山腰，更难得显露山顶"真容"。走马岗奇特的马蹄印与香榧之间还有一段故事。

赵家镇走马岗风光

《《《走马岗与香榧》》》

传说，一匹枣红色"天马"，飞过走马岗上空，看到白云中间有这么一块平坦的地方就降了下来。它一会儿奔，一会儿走，还卧地打起滚来。打滚时，挂在马脖子上的小铃铛就"铃铃"作响。滚着滚着，一只小铃铛掉下了，顺着山坡滚下山岙。那小铃铛一边滚，一边发出"种个铃、种个铃"的声音。

一位须发皆白的管山老翁拾起这个小铃铛，随手把它埋进地里。过了七七四十九天，奇迹出现了，小铃铛抽芽变成了一棵小树，又过了九九八十一天，小树变成了大树，开花又结果，树上挂满了绿色的小铃铛，风一吹，小铃铛摇晃着，散发出阵阵清香。绿色的小铃铛"脱"去外衣，就是一个金色的小铃铛。这些小铃铛，因为是天上"飞"来的种子培育成的，所以人们就叫它"飞子"，年长日久，叫成了"榧子"，因为它很香，所以又叫做"香榧"。那个小铃铛种下的地方，开始时，人们叫它"种个铃"，后来口音变化叫成了"钟家岭"，而"种个铃"的习惯却保持至今，这里的香榧树种愈多。

钟家岭这块地方，是天底下第一粒香榧种子种下的地方，种子是纯净得不能再纯净了。因此，这里的香榧最正宗。不但壳薄，而且肉脆、味香，难怪一些外地人买香榧，宁可翻山越岭，也要爬上钟家岭买正宗的。那形如金色小铃铛的香榧果，当地山民说它上面有两只"眼睛"，其实那两个小白点是当年穿铃铛留下的痕迹，不信你去看看，多像呀！

（讲述人：童旺根　采录人：应言信）

（二）名士与香榧

　　优越的自然条件孕育了香榧，也陶冶了人们的情操。自古至今，香榧一直是文人笔下的一个宠儿，文人为她吟诗，为她作对，为她赋文，每一棵古香榧树都是一本书，都有一个故事。文人墨客以香榧为题材所作的诗词，以及历史名人关于香榧的轶事，有不少流传至今。

　　宋人对香榧多有咏颂，如梅尧臣《去腊隐静山僧寄榧树子十二本柏树子十四本种于新坟》、刘子翚《行夫寄黄山榧子有诗因同来韵》、晁补之《陪关彦远曾彦和集龙兴寺咏隋时双鸭脚次关韵》、苏轼《送郑户曹赋席上果得榧子》、叶适《蜂儿榧歌》、何坦《乞蜂儿榧子郭德谊》、何坦《蜂儿榧》、周必大《二月十七夜与诸弟小酌尝榧实误食乌喙乌喙堇》等。

　　北宋大诗人梅尧臣（1002年-1060年）《宛陵先生文集》卷四十三《去腊隐静山僧寄榧树子十二本柏树子十四本种于新坟》赞美了香榧旺盛的生命力：

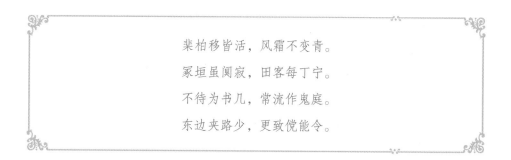

　　　　棐柏移皆活，风霜不变青。

　　　　冢垣虽阒寂，田客每丁宁。

　　　　不待为书几，常流作鬼庭。

　　　　东边夹路少，更致傥能令。

　　北宋元祐四年（1089），苏轼被贬做了杭州太守，亲率市民筑堤疏浚，西湖便有了今日的苏堤。竣工典礼上，各地官员纷纷携带贺礼前往捧场。苏轼把贵重礼物悉数退回，却对东阳郡进献的玉山特产——"蜂儿榧"另眼相看。他捡起一颗仔细端详，轻轻一捏，榧壳"啪"一声裂开；再用四指捏住榧壳轻轻一

旋，黑黑的榧膜纷纷脱落。然后把榧果放入口中细细咀嚼，顿觉颊齿留香，回味无穷。后来，好友郑户曹来做客，苏轼以"蜂儿榧"招待。临走前又以"蜂儿榧"相赠，并赋诗一首《送郑户曹赋席上果得榧子》："彼美玉山果，粲为金盘实。瘴雾脱蛮溪，清樽奉佳客。客行何以赠，一语当加璧。祝君如此果，德膏以自泽。驱攘三彭仇，已我心腹疾。愿君如此木，凛凛傲霜雪。斫为君倚几，滑净不容削。物微兴不浅，此赠毋轻掷。"据初步考证，苏轼的《送郑户曹赋席上果得榧子》诗，使香榧这一第三纪孑遗植物，首次以诗的形式走进中国文学殿堂。

这是一首五言咏物古诗。开头四句，从香榧的产地、容器之美，来历不凡，饮酒送客入题，为下面进一步赞美香榧作铺垫。中间十句，借香榧的果实能治病、树木能做木器的功用，既赞美香榧的珍贵，又期盼别离的人要学习香榧的品德来滋润自己，要像榧子一样正气凛然地迎霜斗雪。最后两句，强调香榧虽小，给人的启发联想不浅，希望别者珍惜此诗。诗中咏物既有形象的描写，又有言理的成分，立意较为高深。此诗表明北宋时香榧已作为珍品而出现在士大夫餐桌上。

《《苏轼与香榧》》

苏轼（1037年-1101年），字子瞻，又字和仲，号东坡居士，北宋著名诗人、词人和散文家，他的诗、词、散文创作标志着我国文学史上高度成就的一页，他的为官从政业绩在中国数千年的封建专制统治史上也留下了为数不多的亲民篇。但苏轼的一生在政治上是失意的一生，由于写诗讽刺朝廷，一生几遭贬谪。他把"一肚子的不合时宜"在对乡土的怀念、亲友的情意和自然美的抚慰中寻求排遣与解脱。在不断地四方迁移中，他把深厚的乡土感情、亲民为政，寄寓在他所居留的每一个地方。苏轼遭贬谪中，两次来杭州做官，"居杭称五岁，自忆本杭人。"他不仅筑起了丰碑般的苏堤，而且留下了美味佳肴并极具经济价值的"东坡肉"，更有数量众多的脍炙人口的诗、词、散文，《送郑户曹赋席上果得榧子》诗就是最好的遗存之一。诗中苏轼不仅写出了玉山果在当时的珍贵和产榧的良好生态和环境，更赋予了玉山果以拟人化的崇高品格，以拳拳之心、淳淳诱导他人要像榧子（玉山果）一样，正气凛然地迎霜斗雪。

苏轼

两宋时期榧文化与苏轼的推崇是分不开的，晁补之《陪关彦远曾彦和集龙兴寺咏隋时双鸭脚次关韵》有云："博士独能名玉棐，使君还许寿灵椿"。经过苏轼的品题推崇，浙江榧实声名鹊起，成为人们熟知的果品，在北宋首都东京（今河南开封市）和南宋首都杭州，榧实成为常见的干果类型，宋·孟元老《东京梦华录·饮食果子》："又有托小盘卖干菓子……人面子、巴览子、榛子、榧子、虾具之类"。宋·吴自牧《梦粱录·夜市》："又沿街叫卖小儿诸般食件……豆儿黄糖、杨梅糖、荆芥糖、榧子、蒸梨儿"。

南宋学者叶适在苏轼之后写下了《蜂儿榧歌》："平林常榧唻俚蛮，玉山之产升金盘。其中一树断崖立，石乳荫根多岁寒。形嫌蜂儿尚粗率，味嫌蜂儿少标律。昔人取急欲高比，今我细论翻下匹。世间异物难并兼，百年不许赢栽添。余某何为满地涩，荔子正复漫天甜。浮云变化嗟俯仰，灵芝醴泉成独往。后来空向玉山求，坐对蜂儿还想象。"表述了对东阳"蜂儿榧"的赞美。

《《叶适与香榧》》

叶适（1150年—1223年），字正则，号水心居士，因晚年讲学于水心村，故世称水心先生，龙泉人，淳熙进士，官至吏部待郎。叶适正处在宋朝迁都绍兴时代，达官显贵、文人骚客云集浙江，纷纷南归，并向浙东一带迁移。叶适被东阳石洞书院延聘为执掌师席，朱熹、吕祖谦、魏了翁、陈傅良、陆游等先后往来其间，或

讲学、或切磋交流，远近之士多从学。学子来自山东、江西、安徽、江苏、湖南及浙江的宁波、天台、金华、衢州各地。东阳人郭希吕以香榧招待老师叶适，叶适感慨颇多，南宋绍兴3年即公元1133年写下了《蜂儿榧歌》诗，作者表述了蜂儿香榧当时的珍稀，用先抑后扬的写法赞美了蜂儿榧"香脆与他处迥殊"，但又只能"后来空向玉山求，坐对蜂儿还想象"的憾然。

叶适

与叶适同时代的诗人何坦全部在蜂儿榧的味、韵、香上做文章。何坦（南宋淳佑十一年（1251）进士）的《乞蜂儿榧于郭德谊（二首）》：（其一）味甘宣邵蜂雏蜜，韵胜雍城骆乳酥。一点生春两齿颊，十年飞梦绕江湖。（其二）银甲弹开香粉坠，金盘堆起乳花圆。乞君东阁长生供，寿我北堂难老仙。在诗人的笔下，蜂儿榧不仅味甘如"蜂雏蜜"，韵胜"骆乳酥"，且香味浓郁，一棵香榧满口香，如绝世音律，不仅可"绕梁三日"，而且魂牵梦忆很多年。从诗题可知，这两首诗是宋代诗人何坦向郭德谊讨要香榧而写下的。郭德谊，当是与何坦同时代人。据宋代诗人陈傅良写的《挽东阳郭德谊》诗看，郭德谊是东阳人。而东阳是浙江著名香榧产地之一，附近玉山产的香榧尤其为人熟知。

两首诗有所分工，第一首，赞美香榧的味道之美和吃后难忘的感觉。前一联，用比喻，说香榧的味道甘美如宣城雏蜂酿的蜜，风致如古代秦国都城雍城骆驼的奶汁制成的奶酪。后一联，用夸张的手法，先写刚吃下一颗香榧马上产生春天百花齐香的感觉，齿颊流香。而吃香榧后还有长远的感觉，即使十年后身在江湖，那香味还会在梦中萦绕。从十年时间之长和江湖空间之大，都显示出了吃香榧的享受太深了。古人写香榧味道之美，这首诗应评为第一了。第二首，紧扣诗题，提出向郭德谊讨要香榧及其理由。前一联，赞美香榧的香气扑鼻和外形的漂亮。后一联，最后点题，提出讨香榧给母亲吃，祝母亲长寿。原来诗人是为了祝母亲长寿而替母亲向朋友讨香榧吃，理由可信，孝心可嘉。这两首咏香榧诗不仅赞美香榧的味道到了极致，而且还含蓄地包含了诗人真挚深厚的孝道精神。

元代胡助（1278—1355年）《纯白斋类稿》卷四《过冯公岭》赞美了香榧远离尘俗喧嚣，隐然悄然生长于深岫断崖的生长习性：

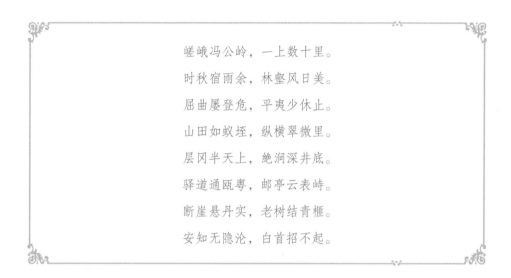

嵯峨冯公岭，一上数十里。

时秋宿雨余，林壑风日美。

屈曲屡登危，平夷少休止。

山田如蚁垤，纵横翠微里。

层冈半天上，绝涧深井底。

驿道通瓯粤，邮亭云表峙。

断崖悬丹实，老树结青榧。

安知无隐沦，白首招不起。

（三）香榧歌谣

田野调查采集到与香榧相关的歌谣相对较少，主要是古香榧集聚区民众在吵房（闹洞房）过程中创作的即兴歌谣。如：

> 吃着香榧满口香，生得儿子当乡长。

> 香榧一树见三代，新娘夫妻真恩爱。
>
> 今宵携手进洞房，他年儿孙享富贵。

> 吧嗒一声香榧开，红衣裹体现娇美。
>
> 恩爱夫妻永相随，生男赢得状元归。
>
> 年年平安阖家好，代代昌盛春常在。

> 香榧两头尖，生出儿子做神仙。
>
> 香榧香又香，生出儿子做乡长。
>
> 香榧两只眼，生出儿子中榜眼。
>
> 香榧三代果，夫妻日子红似火。

> 颗颗香榧我最亲，尖尖两头显精神。
>
> 妩媚两只西施眼，溜光一身动人心。
>
> 不止香香富口感，更能切切强尔身。
>
> 人逢大喜品香榧，榧贺新婚多儿孙。

> 榧子一捏四门开，
>
> 脱了黑衣黄金蕊，
>
> 夫妻恩爱同头睡，
>
> 睡一回，怀上一对双胞胎。

这些即兴歌谣俗称"讨彩头"，寄托了大家对新婚夫妇百年好合、早生贵子、生活幸福的美好祝愿。

另外，还收集到一些劝诫大家保护香榧树的顺口溜，如：

> 砍柴砍榧树，今年就要死。
>
> 砍柴不砍榧，年年好运气。
>
> 榧树当柴烧，倒灶烂肚脐。
>
> "搞将"（糟蹋）榧树苗，一世难到老。

稽东镇占岙村榧农旧时认为香榧树是不开花就结果的，所以还有"青蓬蓬，蓬蓬青，勿开花，结龙庭"的谜语。

五

完善的知识技术体系

绍兴会稽山居民在千百年的实践生活中，形成了从种植嫁接香榧、采摘香榧到加工香榧的一整套完整的生产经营知识体系与适应性技术。为适应人口繁衍发展的需要，会稽山先民综合利用山地资源，在较难种植粮食等作物的陡坡山地上开辟鱼鳞坑、梯田种植香榧，在陡坡地榧树下修筑树盘以保持水土；为提高土地利用率，采用在榧林下套种茶叶、杂粮、蔬菜等，在榧林间作板栗、水果、番薯、玉米等，在山里平直地块种植水稻等复合经营措施，以解决本地的粮食蔬菜供应。"古香榧林—梯田—林下作物"构成了融水土保持和有较高经济价值为一体的独特的山地利用系统，体现了会稽山先民高度的智慧和杰出的创造力。

（一） 嫁接技术

❶ 古代嫁接技术的发明与传播

嫁接的原理是从自然接木现象中演变产生的。

（1）从"连理树"到靠接技术的发明。"连理树"是指邻近的两棵树，在生长过程中受到某种自然力的挤压（例如大风、雨水冲刷、地表变动等），两棵树之间的某个树枝部位靠拢并摩擦掉树皮，其紧靠的部位逐渐形成愈伤组织，最终使两棵树的枝干合生在一起的现象。古人称之为木连理、连理树和连理枝，用于比喻为男女忠贞爱情或兄弟亲密的象征。西汉苏武诗有"况我连理树，与子同一身"（《文选》第二十九卷）。唐白居易《长恨歌》有"在天愿作比翼鸟，在地愿为连理枝"之句。有人做过统计，在二十四史中，木连理记述达254次，可见连理树在当时人们心目中的地位。

自然界的"连理枝"现象，引起古人的好奇、观察和思考，从中受到启示和启迪，开始模仿天然连理枝的实验，终于取得成功，开创了人工嫁接的新纪元。在现存的古文献中，最早记述嫁接的古农书是西汉时代的《氾胜之书》。其中有一段文字讲述了接瓠过程。由此可见，在我国西汉时代嫁接技术已有相当高的水平。

靠接由于是双株靠接，砧木株和接穗株均不需组织剪离，因此嫁接很容易成活，是人类最早发明和应用的嫁接技术。靠接可以培育出"多根共一蔓"的植株，通常用于追求硕大单果的植株。

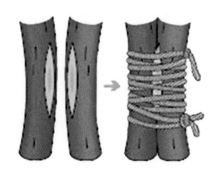

靠接

（2）从"寄生树"到穗接技术的发明。一棵树的根不是扎在泥土中，而是扎在另一棵树的躯体内，生物学上称这一现象为"寄生"，其树则称为寄生树。这种寄托互生共长的两棵或两棵以上的联体树就称为寄生树。在自然界里，寄生树现象非常多见，特别是历史悠久的名胜公园里，常常可见到几百年、上千年的寄生联体名树。如北京中山

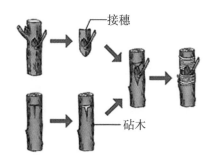

芽接

公园社稷坛南门外有一棵被称为"槐柏合抱"寄生树，在一棵古柏树的躯干上生长有一棵高大的国槐，槐柏齐茂，青黛交映，情趣盎然，共同渡过了300多个春秋冬夏。还有一种是在高大的乔木上寄生藤蔓类植物，如常见的菟丝子。

人们从植物的寄生现象中得到了启迪，从而发明了芽接技术。有"丁"字形芽接、嵌芽接、方块芽接等多种方式。东汉崔寔的《四民月令》里讲到用"栗树"与"栎树"嫁接，所用方法就是芽接。

由此可见，芽接的作用与前面讲的靠接有所不同。芽接的特点是，需要分别对作为砧木的植株和作为接穗的植株进行处理，技术要求高，难度大，接穗不易成活。此外，采用多品种穗源芽接的方式，可以实现"一根养多树"的奇异现象，比如一棵树上结不同的果子，一株植物上开出许多不同颜色、不同形状的花朵等。早在西晋时代，人们就已经采用芽接的方式进行李属品种间嫁接，得到了"一树三色，异味殊名"的结果。

（3）从扦插繁殖到枝接技术的发明。枝接技术的来源大约应从扦插发展而来。《诗经·齐风》中有"折柳樊圃"的记载。柳枝极易生根，古人选用柳枝插篱笆，故有"无心插柳柳成荫"的民谚。此后《战国策·魏策》载："夫杨，横树之，则生；倒树之，则生；折而树之，又生。"

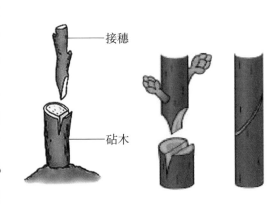

接穗

砧木

枝接

证明公元前4世纪时人们已用横插、倒插、折插杨树枝条的方式来繁殖杨树。东汉《四民月令》记有"二月尽三月，可掩树枝"，"埋树枝土中，令生根，二岁以上可移种矣。"这是压条繁殖法。总之，利用植物枝蔓进行扦插繁殖的技术，在我国很早就被发明出来并且在生产上得到广泛的应用。

从扦插实践中得到的启迪是，如果扦插的枝条不是插在泥土中而是插在植株的砧桩上，就可得到"异树同株"的效果。这就是植物枝接技术的发明起源。

枝接需要对砧木和接穗进行技术处理，接口的嵌接方式很多，是现代生产实践中采用最多最广泛的嫁接方式。枝接的特点是"一根一树"，别无旁枝。香榧的嫁接就是采用这种方式。

以上简单介绍了嫁接的三种主要方式："多根养一蔓"的靠接，"一根养数枝"的芽接以及"一根支一树"的枝接。虽然我们日常见到的嫁接方式种类很多，但都是从这三种基本方式中衍生变化而来的。

❷ 香榧嫁接技术

嫁接是改良香榧品质、提高产量的一种重要栽培技术。因经过人工嫁接培育，现存古香榧树基部多有显著的"牛腿"状嫁接疤痕。会稽山榧农通常选取香榧优株在实生榧上进行嫁接。嫁接的砧木通常选择10年以上的实生榧树，根据树龄的不同接枝的数量也不尽相同，通常接两枝。

　　传统的嫁接时间为春季2月下旬至4月初，此时气温升高，根系活动旺盛，树液开始流动，但尚未萌芽，采用切接与劈接成活率高。嫁接技术中，以传统的低接和高位换种嫁接技术最为普遍，根据相关统计，浙江省会稽山区的10万多株50年以上的香榧大树，全部都是人工嫁接来的。近年来，为保障雌榧的良好授粉，当地民众也有将雄榧枝条作为穗条嫁接到雌榧上的做法。目前，更多的是采取幼苗嫁接培育六七年后再移栽的方法营造香榧林。

古香榧树底端存在明显嫁接痕迹
（陈锦宇/提供）

香榧早期多头嫁接
（陈锦宇/提供）

香榧低位嫁接（陈锦宇/提供）

嫁接育苗（陈锦宇/提供）

《《《越国青铜器与香榧嫁接》》》

　　农业上的嫁接技术必须有足够锋利的工具才能实现，需要把接穗切成尖锐状，把砧木切出平滑而尖锐的接口，然后把两者插在一起，贴紧并固定住。如果

没有锋利的工具，就不会有先进的嫁接技术。

距今2 000多年前的越国时代，闻名天下的越王剑由青铜浇铸而成，它的出现说明，春秋战国时期越国的冶炼技术在当时的天下是首屈一指的。而且青铜冶炼技术并不仅仅用于制造武器，同样也用于制造农具。绍兴城北的西施山

越王剑

上，曾经出土了大批越国用青铜铸造的犁头、锄头、镰刀等生产工具。越国先进的青铜农具，比如镰刀，满足了嫁接技术对于切口的要求。

香榧树产生的年代，以及越国青铜器的技术历史，似乎都暗示我们，古越人就是把榧树变成香榧的第一人，在改良树种过程中，果树的嫁接技术也许不是他们首创的，但至少他们是大规模发展和应用的。

③ 从榧树到香榧

香榧来自于自然界的榧树，那么从榧树到香榧，经历了怎样的农业技术变革呢？榧树雌雄异株，个体差异大。古时人们对榧树的认识有限，很难在榧树幼小时判断它未来的果实好吃与否。通常只有榧树长大，品尝到果实后，人们才会判断品质的好坏。但这个时候榧树已经很大，不适宜进行移栽造林了。（引自《世界遗产》2013年）

于是可以猜测，早期的会稽山先民首先想到的办法是原地选留，留下果实口味好的榧树，砍除口味不佳的榧树，让口味好的榧树更好地生长。经过精心培育，榧树硕果累累之时，人们就能够品尝到自己劳动和耐心换来的果实了。

然而上述方法远远不能满足人们的口舌之欲。经过长期对幼苗的形态特点的观察，会稽山先民掌握了根据幼苗形态判断未来果实的优劣的方法，从而可以把

好的榧树幼苗挑选出来，移栽到合适的地点继续培育。过去需要等待十多年才知道果实是否可吃，到了这个阶段则在幼苗期就可以选择了。会稽山先民在选育香榧上面的效率大大提高了。不过，这种靠形态来判断香榧果实优劣的方法，也还不能让人们随心所欲地培育香榧林。因为有性繁殖的后代变异系数大，性状不稳定，有时播种许多榧实种子也选育不出几株优良的榧树来。

那有没有其他更好的办法来繁育优良榧树呢？人们尝试将品质优良的榧树枝条嫁接到其他榧树上。会稽山区有好的榧树自然变异类型，人们早已从榧树中选择出优良类型了。于是，一个伟大的创举诞生了。香榧被勤劳、智慧的会稽山先民创造出来了。香榧嫁接技术的发明与应用，使大规模培育香榧成为了可能。

今天我们看到的会稽山中的古香榧林，许多都是通过嫁接技术培育出来的，当然里面也散落地分布着一些自然实生的古榧树，它们是早年先民们通过筛选保留下来的优良榧树实生类型。走进古香榧林，能看到许多古香榧树基部有显著的"牛腿"状疤痕，那就是榧树经过嫁接留下的印证。而未经嫁接的榧树主杆明显、直挺向天，人们一眼就能分辨出来。

（二）管理技术

❶ 集约的土地利用方式

会稽山区的土地资源非常珍贵，先民们对于任何可用之地都不会放弃。古老的香榧树往往树冠巨大，可以覆盖面积达1亩的土地，因此在香榧林里间作其他农作物，就形成了一种较为高效的复合经营模式。

❷ 合理的水肥利用

会稽山区不仅是农业生产的重要地区，也是区域的重要生态屏障。因此会稽山区农业的发展一直坚持注重保护古香榧林的合理资源利用、良好的生态环境和丰富的生物多样性。这些目标的实现需建立在水土资源的合理利用与分配的基础上，而传统的水土保持技术为此提供了可能。此外，为保障香榧的质量，当地对农药化肥施用有着严格的控制，尽量使用传统农家肥料。一方面保障了产品的安全；另一方面对于生态环境的恢复和可持续性有着极为重要的意义。

会稽山古香榧群所在区域坡度较陡，水土保持是榧树管理的一大难题。榧农利用梯地的形式，通过在陡坡上插上竹栏或者累积石块构筑鱼鳞坑、树盘、梯田

竹竿做的护栏（陈锦宇/提供）

鱼鳞坑（陈锦宇/提供）

树盘（陈锦宇/提供）

水土管理形成的人工梯地
（陈锦宇/提供）

等方法进行拦截，防止水土流失。堆砌的石块所形成的榧林梯地成为会稽山香榧林独特的自然景观，同时兼有防水固肥的作用。

对于古香榧树，人们想尽办法加以保护，让它们每年能够有稳定的生长和果实产出。按照会稽山区的传统做法，人们通常在每年的9~10月，在离树基部30厘米的位置，结合施肥向下深挖20厘米，施入榧皮、人畜粪便等农家肥料。这种传统的施肥方法在保障香榧林地养分的同时，还可以大幅度降低鼠害率。对于病虫害，传统的方法是将病残果集中烧毁。

❸ 传统病虫鸟害防治

香榧病虫害防治主要采用农业防治、物理机械防治、生物防治和化学防治四种方式。农业防治主要是指在林地抚育管理过程中，通过香榧林地水土保持、土壤耕作、水肥管理、整枝修剪、密度控制等技术或措施，创造有利于香榧林树体生长发育、不利于病虫害发生的条件，从而达到增强树势、控制病虫害发生的目的。物理机械防治

传统知识防鸟（陈锦宇/提供）

就是利用各种物理因素及机械设备或工具防治病虫害，通过人工捕杀和设置黑光灯对蛾类进行灯光诱杀。生物防治是利用病虫害天敌或其他产物来防治病虫害的方法。化学防治是利用化学农药防治病虫害的方法，因为化学农药使用方便，防治对象广泛，防治效果好，能够迅速控制病虫害的蔓延危害。但是农药的污染较大，农药的使用必须严格执行国家农药合理使用准则，禁止使用高毒性农药和有"三致"作用的药剂。当地的农户也会采用一些传统的方法如悬挂鲜艳的布条、镜子、盆盖等光亮的物品防范鸟害。

❹ 独特的村规民约

国家政策和法律是该地区农村社会土地分配和管理的基本准则。在此基础上，围绕古香榧林的管理和保护，该地区通过村民自治，形成了独特的村规民约。其中，专门规定了集体所有古香榧树承包经营方式和采收规则等，对于偷盗等违规行为有着明确的经济处罚标准。如柯桥区稽东镇村规民约规定了榧树的分配、保护及采收的时间。按照规定，所有的村民都有保护香榧树的义务，除采收外，不得在古树上从事其他对树木造成影响的活动。每年初秋是香榧采摘的季节，每个村子有专门的人员负责确认香榧采摘日期，凡在此日期前进入香榧林进行采摘者，即便其采摘的是自家的香榧，均按偷盗论，将由集体处以比市价更高的罚款。

村规民约（陈锦宇/提供）

（三）采摘技术

❶ 九月榧香

香榧采摘一般从9月上旬（白露前后）开始，此时香榧假种皮由青绿转黄绿，部分假种皮开裂，有个别种子脱落，即示成熟，便到了榧农一年中最忙碌的采收季节。具体的采摘开始日期要根据当年香榧成熟的情况，由香榧协会确定。整个会稽山地区的采摘时间基本上是一致的，同地方最多也就相差一两天时间。

采摘季节，不仅全村人都要出动，在外工作的人也会尽量赶回家里，帮助家人采摘香榧。当地人常说，香榧采摘的那些天，村子里、山坡上人声鼎沸，就是在过年的时候，也没有这么热闹。采摘一般要持续10天左右，主要原因是许多香榧树都生长在山坡上、溪水边交通不便的位置，香榧果实从树上采集

成熟的香榧果（陈锦宇/提供）

下来后，需要人用背篓背下山去，费时费力。而由于香榧树生长的位置不同，光照、水源情况不一致，果实成熟的日期也会略有差异，相差个十来天也是司空见惯。因此在采摘季节，老乡们会根据成熟的情况，先采摘那些已经成熟的果实，而把还泛青的待成熟果实先留在树上，过几天再采摘。

成熟的果实和未成熟的果实在同一个枝头，彼此靠得很近，因此为了保护幼果和树枝，榧农绝不会采用竹竿打落果实的方式来采摘，否则明年就没有好收成了。为了年年都有好的收成，上树采摘成为香榧的主要采摘方式。榧农上树后，先用绳索把挂满香榧的树枝与上部的树干或粗壮的干枝拴在一起，这被称为"做单线"加固。之后榧农会上到树枝上去采摘香榧。采摘时先用左手拇、

食、中三指捏住采摘处果枝，再用右手拇、食、中三指捏住果实，轻轻一旋使其脱落，再将香榧装入榧农随身携带的小篮子内。

摘满一篮子香榧后，榧农用绳子把篮子垂到树下，由树下的人把香榧倒入大的篾萝里。当地榧农还有一种专门的"榧笕"，由竹片编织而成，口小肚大，口上露出一圈竹头，这是会稽山地区专门用于香榧采摘的农具之一。

"做单线"加固（陈锦宇/提供）

香榧树生长很缓慢，一般10年以内的香榧树很小，几乎没有产量。即使是30年树龄的香榧树，产量也超不过25千克。所以一般来说，树龄二十多年的香榧树的产量，才具有经济价值。在非采

香榧采摘所用榧笕（裘淑蕙/提供）

摘季节，榧农也会经常上山，给香榧树除草，把干枯的树枝折掉，让香榧树更好地生长。

此外，榧农也会在香榧林中种植蔬菜、花生、茶树等。这些农作物可以与香榧树和谐地共生在一起，相生相宜。蔬菜主要是供自己家里日常食用，如果谁家里开了乡村旅店，蔬菜还可以供外来游客食用。

❷ 蜈蚣梯——独具特色的香榧采摘工具

绍兴会稽山区民众用来采摘香榧的工具大致上包括攀登香榧树的梯子、绳索，采摘用的竹钩、竹篮，盛放香榧青果用的竹筐等，这些基本上是因地制宜、就地取材制作的，可自然降解，符合当今绿色、环保的理念，体现了当地民众与自然和谐共生发展的思想，是绍兴会稽山古香榧群农业文化遗产的一部分，也是当地文化的结晶。这些工具中，最令人注目，也最能反映当地民众智慧的，是一

蜈蚣梯（杨坚/提供）　　　　山坡上使用蜈蚣梯（孙乃坤/提供）

种轻巧、简单、实用，适合攀登10~20米的高大香榧树的"蜈蚣梯"。

（1）"蜈蚣梯"名称的由来。"蜈蚣梯"由一棵采自当地的高达数米甚至10米以上的大毛竹作为主柱，左右两边对生凿孔，装上杉木横档，横档间隔约0.35米，为了梯子的稳固，在基部二个横档上左右两边再各装一斜档与主柱构成稳固的三角形。这种梯子形状与多足的蜈蚣很相似，故当地民众形象地称其为"蜈蚣梯"。

（2）"蜈蚣梯"的优点。一是不拘地形。"蜈蚣梯"是单柱，可以在任何地形条件下找到稳固的支撑点，特别适合山坡地上使用。

二是适合登高。"蜈蚣梯"高达数米甚至十多米，特别适合攀登高大的古香榧树。放置稳固后，一个人可以轻松地爬上一般梯子够不着的高大香榧树，再将梯子上端与香榧树干或大枝用绳子捆扎牢固后，便可进行各种采摘活动而不必担心梯子有滑动。

攀登蜈蚣梯采摘香榧（姚迪瑛/提供）

普通双柱梯

三是携带方便。"蜈蚣梯"只用毛竹和杉木二种材料制作而成，在现有的天然材料中算是密度最小的了，特别是采用单株毛竹作柱，质量较小，一个成年劳动力便可以从家里沿着弯曲陡峭的山路将其扛到山上。相同质量的"蜈蚣梯"比采用双柱的普通梯子高度要高出50%左右。

四是韧性好。"蜈蚣梯"的主柱是毛竹，韧性极好，大毛竹在承载一个成年人重量攀登时具有弹性而不会折断，可保证使用安全。

五是经久耐用。毛竹与杉木是现有天然竹木中耐腐蚀能力较强的材料，如果能避免常年日晒雨淋，"蜈蚣梯"可以使用很多年，爷爷做的"蜈蚣梯"到孙子成年时还可正常使用，与香榧"公孙树"的美誉相对应，"蜈蚣梯"也可称为"公孙梯"了。即使家里没有合适的场地存放，不得不放在露天的情况下，竹木制的"蜈蚣梯"也能用好几年，比铁制的梯子耐用多了。

六是制作简单，维修成本低。制作"蜈蚣梯"的所有材料全部采自当地的毛竹和杉木，甚至不用一个铁钉。木工工具也比较简单，仅需锯、斧、凿便可，一般情况下木工一两天便可做成一架"蜈蚣梯"。因此，很多"蜈蚣梯"是农户就地取材、自己动手制作而成的。蜈蚣梯结实耐用，平时一般不需要维修，只有当杉木横档因人们采摘时爬上爬下而磨损严重时，才需要换一块新的上去。

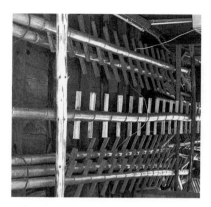 

使用多年的蜈蚣梯（陈锦宇/提供）　　　农户自己动手制作蜈蚣梯（陈锦宇/提供）

（3）"蜈蚣梯"的制作工艺。"蜈蚣梯"的制作工艺相对比较简单：① 先取一棵大毛竹，去掉所有枝、梢，作主柱；② 在毛竹的左右每间隔0.35米左右对生凿出方孔，方孔规格约为5厘米×2.5厘米；③ 将杉木锯成体积大小约30厘米×6厘米×3厘米左右的杉木条；④ 用斧头将杉木条一头削好，大小与所装方孔相适应，并把该杉木条用力敲打装入毛竹主柱；⑤ 取两根长约0.9米的杉木以约15度的角度斜装在毛竹主柱最下端的两个横档上，一般上端与倒数第三个横档和主柱连接端靠牢，形成底部三角形支撑。

（4）"蜈蚣梯"传承遇到的问题。"蜈蚣梯"是重要的登高工具，状态好坏直接影响到香榧采摘的安全，所以，榧农都非常重视"蜈蚣梯"的安放，一般榧农会将"蜈蚣梯"放在自家廊埠的横梁上，以防止日晒雨淋造成损坏。几家合住的房子便将几架"蜈蚣梯"一道放在横梁上。这样存放的"蜈蚣梯"可以使用很多年。但如今农村新造房子的格局已经改变，一般已经没有十多米的长廊，不少"蜈蚣梯"只能露天存放，任其日晒雨淋。特别是如今的农村住宅政策有变化，要求拆旧房才能建新房，这样一来，

蜈蚣梯主柱上凿出的方孔（陈锦宇/提供）

室内存放的蜈蚣梯（陈锦宇/提供）　　室外放置的蜈蚣梯（陈锦宇/提供）

适合存放"蜈蚣梯"的场地将越来越少，"蜈蚣梯"这种简单实用的香榧采摘工具将有退出古香榧采摘活动的可能。

❸ 香榧采摘前后应注意的几个问题

（1）要确保采摘人员的人身安全。每年在香榧采收期间，总会发生一些采摘人员的伤亡事故。防止或减少采摘人员伤亡事故的发生，事关社会、家庭和谐，产榧县（市）林业部门和当地乡镇、村领导应高度重视。当地乡镇、村委在把安全问题列入重要议事日程的同时，要注意天气预报。因下雨天树湿易滑，上树容易发生人身安全事故，如统一的始摘日遇到下雨或前一天刚下过雨，要及时通知各村、各户延期到天晴日采摘。同时，落实"携带安全带（绳）方可上树，系好安全带（绳）方可采摘"的安全措施。香榧产地林业部门应当主动与保险公司沟通，由当地乡镇、村领导出面，发动榧农自愿投保采摘短期人身伤害事故险。

（2）不要施用"产前肥"。香榧与水稻等农作物一样，即将成熟的时候，不能施用任何肥料。如施用肥料会使成熟的果实、种子返青不能采收。2001年，诸暨赵家镇向前村村民在8月27日施肥，使榧蒲由淡黄色逆转为翠绿色，原定9月6日采摘一直到9月20日还不能采摘。后由于管理问题，被迫"摘青"。

（3）榧蒲不能"摘青"。香榧成熟可分形态成熟、生理成熟两个阶段。形态成熟是指香榧树上的榧蒲，由翠绿色渐变为淡黄色、榧蒲表面出现纵向裂纹、少量榧子落地，三者同时出现，即为形态成熟。生理成熟是指香榧种子营养物质贮藏到一定程度，种胚形成，种实具有发芽能力。榧蒲没有进入或即将进入形态成熟的时候采摘下来，即为摘青。摘青的榧蒲由于成熟度不够，种仁不饱满，重量明显低于成熟的榧蒲。据测试，同容量的情况下摘青的榧子比成熟的榧子，重量要减少20%~30%或以上，不仅造成减收，而且严重影响香榧质量。

（4）要防止"烂头"榧子出现。烂头榧子是指榧子头部或整颗榧子变质，变质实为霉烂，不能食用。它是在香榧"增重、脱涩"的生理成熟过程中，处理不当引起的。原因一般有以下几种情况：如遇雨天或露水天采摘的榧蒲没有单独晾干，就直接拌和在其他榧蒲中；随着人们生活水平的提高，住房地面从泥地普遍改为水泥地，榧蒲摊放在水泥地面上，由于隔断了土壤中的毛细管，使榧蒲中的水分无法与其交换；加之榧农普遍有防偷的心理，门窗往往紧闭，空气不流通，使之贴近水泥地面的部分榧蒲容易变质腐烂。因此，如遇榧蒲表面有明显雨（雾）水，必须在室内单独晾干，方可和其他榧蒲拌和在一起；如榧蒲（或毛榧）摊放房间的地面是水泥地面，在榧蒲（或毛榧）摊放前应先铺垫一层15公分左右的纸板或竹簟。同时，要经常检查摊放榧蒲（或毛榧）的温度，温度接近或将超过体温时，要及时翻动榧蒲（或毛榧）；要经常开窗，保持空气流通。

（5）不要丢弃榧蒲壳，污染环境。榧蒲壳貌似废物，但它含有榧树所需的营养成分，实则是个宝。以前榧蒲壳往往会被榧农随手丢弃在路边或山溪中，造成溪水污染，给下游的群众生活、生产带来许多不便。现在在科技示范户的带动下，相当部分榧农纷纷把榧蒲壳运送回到榧林中作肥料施用。但要注意：榧蒲壳要薄薄摊放在榧树树根周围，切忌堆放在一起，以免伤根。

（四）加工技术

❶ 传统香榧加工工艺

香榧果实本身具有一定的香气，而香榧的加工工艺则让香榧之"香"更加浓郁，是必不可少的过程。

一般来说，每年9月上旬、中旬为香榧青果采摘的旺期，9月中旬、下旬为香榧青果的后熟期，9月下旬到年底为炒制期。每年10月初，当地开始出售炒制好的香榧干果。传统的香榧加工工艺包括堆放、剥壳、清洗、晒干、头炒（烘）、起锅、浸泡、沥干、二炒（烘）、冷却、挑选等11道工序，均为手工完成。

堆放　　　　　　　　　　　　剥壳

清洗　　　　　　　　　　　　晒干

传统香榧加工工艺（1）（绍兴市农业局/提供）

炒   起锅

浸泡   沥干

传统香榧加工工艺（2）

烘制   冷却

挑选   成品香榧

传统香榧加工工艺（3）（斯文英/提供）

香榧青果采摘下来以后，需要堆沤处理，即先将采来的鲜果堆放在通风房间内，经5~7天，香榧外面的假种皮由黄转微紫褐色，此时即可剥取香榧子。刚剥出的坚果称为"毛榧子"，还需要经过二次堆沤。坚果经后熟处理后，选择晴天水洗，洗净后立即晒干，然后就可以进行加工了。

会稽山香榧传统的加工方法主要包括"双炒"和"双熄"两种工艺，这是极为关键的技术。双炒加工的工艺是，香榧与食盐合炒，炒至七到八成熟时，香榧倒入事先准备好的含特制秘方的盐水中，浸泡约一炷香时间，把香榧捞出沥干。随后又把香榧与食盐重返锅中继续翻炒，直至炒熟。

"双熄工艺"，则是用"烘制"代替炒制的环节，把香榧放置在"熄头"上，这种工艺完全仰仗烘制者的经验，待固有香气散出，即可收起香榧，把香榧浸入特制的食用盐水中，浸泡一炷香的时间，捞出香榧并沥干，再放在"熄头"上，重新烘制，便能制成"双熄"香榧。

如今已进入工业化时代，一些工厂采用机器设备取代手工来加工香榧，使香榧的最终品质更加一致，口感上也更加可控。有的企业还进一步开发香榧精油等高科技产品。在保留传统采制技艺的基础上，会稽山的人们也接纳了现代科技，让香榧的香气更香，飘得更远。

香榧炒制颇有讲究，一要讲究工艺，二要讲究火候，三要讲究手法。同样的榧子，产区的人炒，格外松脆够味，原因是炒制香榧时他们做得讲究，对火的强弱、时间的久暂，把握得当。只有对炒制香榧工艺耳濡目染的香榧产区人，才会做得恰到好处。因为"恰到好处"或"固有香气出现时"等这些描述性"指标"是难以言传的，全凭加工者的长期积累的经验。2012年6月，传统的枫桥香榧采制技艺入选浙江省第四批非物质文化遗产保护名录。

❷ 双炒和双熄

枫桥香榧自古有名，比外地香榧味道要好很多，为什么呢？因为枫桥香榧的加工工艺很不一般，从古到今，"双炒双熄"是枫桥香榧特有的加工工艺，这里面还有一个传说。

双炒和双熄的传说
（引自《香榧传说》2013 年）

从前，赵家的外宣村，住着一个叫宣八斤的人，这个人很能干，加上他手脚勤快，能掐会算，到老的时候，靠着香榧生意，攒下了很多家产。宣八斤有两个儿子，哥哥叫宣长福，比较忠厚，弟弟叫宣长寿，人很活络。宣八斤年纪大了，考虑在两个儿子中找一个人做当家的，来接他的班。

这一年，村子里来了一个收香榧的客人。这个客人看上去很富有，谁家的香榧做得好吃，他花再多钱也不心疼。但是，这个人嘴巴很刁，要他尝完香榧说声好，真是比登天还难。

这天，宣八斤把两个儿子叫到面前，捧着茶碗说："你们也知道村里来了个收香榧的客人，要求很高。我呢，早就想选个人做当家的。你们俩各自拿50斤香榧去炒，谁炒得好吃，能卖出好价钱，谁就做当家的。"

小儿子宣长寿一听，心里很高兴，他抢先去挑了50斤果实饱满、卖相又好的香榧，把剩下不好的香榧留给了忠厚老实的哥哥宣长福。长福知道自己吃亏，也不做声。说起宣长寿，也不是一般的，他也是村里炒香榧的一把好手，泡盐水、架炉、热锅，手脚真是麻利，没一会儿工夫，这香榧的香气就出来了。村里人听说他们兄弟俩比赛炒香榧来争做当家的，马上围拢来看热闹。大家对长寿的手艺一个个竖起了大拇指。

再说这个宣长福，人忠厚老实，拿了50斤不好的香榧就开始发愁，怎么办呢？他唉声叹气的，竟忘了还要用盐水泡一泡香榧。炒到一半，宣长寿故意大声说："哎呀！哥哥，你忘记泡盐水了！"长福一听，急得像热锅上的蚂蚁，原来长寿早就看出了，故意不说，现在长福也没有办法了，香榧扔掉总是可惜的。他只好把炒了一半的香榧再拿出来用盐水浸泡之后再炒。谁知道这么一来，香榧的香气更好了！刚刚等着看长福好戏的人都忍不住夸他！等到这香榧要出锅了，长寿一看不对，连忙说要帮哥哥，一铲子凿下去，把锅也弄坏了！

　　长福这下子真的傻眼了，破掉的锅炒出来的香榧一股焦味！那怎么办呢？比赛总是要比下去的，要是这么结束了，当不了当家的不说，还要被村里人笑话。他东看看西看看，看到家里放着烘茶叶的熄头，就生起了青炭，马上开始在熄头上做香榧，大家又说，这种做法从来没看到过，一定不好吃的。

　　比赛结束了，收香榧的客商过来品尝了一下，没想到长福歪打正着炒出来的香榧，比一般方法炒出来的好吃多了！毫无疑问，长福赢了。长福抓抓头皮说，应该是弟弟赢的，我这样子做出来的香榧，只是运气好而已。长寿知道哥哥是在替自己说好话，想到自己刚刚还要小聪明，很是后悔！

　　后来，宣八斤最终让两兄弟轮流来当当家的，每件事情都有商有量，家业很兴旺。从此以后，双炒双熄的加工方法就这么流传下来了。

　　（讲述人：童根旺　采录人：应言信）

六

香榧文化与产业
发展未来之路

香榧为我国特有的珍稀干果树种，从农业文化的视角看，香榧还是一个文化的载体，体现着或标志着会稽山区独特的山地利用系统和当地人民利用自然、改造自然的创造活动全部内涵。因此，保护和发展香榧对发展山区经济，增加农民收入、改善生态条件和丰富自然景观均有重要意义。会稽山古香榧群农业系统是农民在长期适应当地自然条件情况下形成的特有的生产方式和土地利用方式。这种源自传统经验的农业耕作，使农民获得了与自然和谐相处的自然生存方式，实现了真正意义上的天—地—人和谐共处，为其他同类地区合理利用土地，发展适应本地条件的生存方式提供了有效的借鉴。随着工业化进程的不断加速，中国的环境问题日益凸现，这些环境问题不仅出现在人口密集、产业集中的城市，而且也波及占中国广大面积的农村。由于重要农业文化遗产项目强调对传统农业以及与其相关的生物和文化多样性的保护，因此对农村环境的保护具有积极作用，为解决农村环境问题提供了新的机遇。

（一）　发展中面临的一些问题

❶ 自然灾害与病虫害侵袭

会稽山古香榧群资源占了全国的绝大多数，但分布范围十分狭窄。一些古树分布于丘陵、山坡、悬崖等处，土壤贫瘠，水土流失严重，营养面积小，随着树体的生长，汲取的养分不能维持其正常生长，很容易造成严重的营养不良而衰弱甚至死亡。古树因雷击、台风、病虫等损害也较常见。

自然界中，白蚁与生态系统中其他生物之间存在着多种多样的联系，被其他生物所捕食或寄生的敌害关系，是抑制白蚁种群数量增长的一个重要因素。近年来白蚁对香榧树的危害加剧，根本原因是生态失衡，生物多样性下降，吃白蚁的天敌减少了。过去，在榧树山上经常可以看到泽陆蛙、四脚蛇、癞蛤蟆等。老榧树上蚂蚁也很多，臭火蚁、红火蚁、大黑蚁和小黑蚁都是白蚁很强的天敌，尤其是臭火蚁能够将碰到的白蚁统统杀死，但现在已不大有了。臭蚁的力气很大，一只臭蚁能衔运3~5只白蚁尸体。如果有臭火蚁在榧树上，白蚁要么被吃掉，要么不敢再来。因为蚂蚁在同一领域内只允许同类族群存在，对其他族群的蚁类会发起攻击。在战争中蚂蚁占优势，白蚁是手下败将。

遭受白蚁危害的古香榧树（王斌/提供）

2008年罕见的大雪给诸暨的香榧带来巨大损失。仅在榧王村，雪灾过后，全村香榧产量损失30%。后来经调查，人

遭受台风危害的古香榧树（陈锦宇/提供）

们发现被积雪压断的树枝80%以上都被白蚁咬过而造成中空。目前当地百年老树白蚁危害率高达88.4%，其中树干空心、断枝率分别达42.8%和72.1%。500年以上的老树则为100%。据专家介绍，白蚁的危害表面是看不出来的，不像蝗虫，铺天盖地而来，啃光庄稼就跑，白蚁的危害是不知不觉的，等到发现的时候，就已经晚了。

对香榧树上的白蚁绝对不能采用农药等化学防治的方法来解决，一定要坚持生物的多样性，进行生态修复，从保护白蚁天敌入手。

一是开展白蚁生态防治基本知识宣传和培训。白蚁作为一种生物，要让它灭绝是不可能的，只能通过自然界的食物链来保持生态平衡，把白蚁数量控制在一定范围内。看到榧树上有白蚁，不必惊慌，对大多数香榧树而言，出现少量的白

蚁是不要紧的，不需用农药，自然界的白蚁基本上能被天敌控制住。白蚁巢穴内的许多真菌、细菌和病毒等微生物能引起白蚁蚁体疾病，导致白蚁个体的死亡，直至全巢覆没。寄生的螨类能爬在白蚁的头及躯干上吸食其体液，使白蚁个体在24小时内死亡，这种对白蚁具有杀伤能力的寄生螨，对抑制白蚁数量的增长起到积极的作用。蟾蜍、姬蛙、林蛙、青蛙等，很喜欢吃白蚁。它们的食量很大，一只蟾蜍可捕食长翅繁殖蚁20多只，一只姬蛙可捕食工蚁、兵蚁100多只。翘尾隐翅虫、步甲、螳螂、食虫虻、蜘蛛、蜻蜓、蜥蜴、壁虎等，常以白蚁为饵料，其中以翘尾隐翅虫的食量最大，12小时能捕食白蚁150只以上。鸟类中的夜鹰、啄木鸟、棕腹柳莺、橙斑翅柳莺、画眉鸟、竹鸡、家燕、冠鸫、粉红山椒鸟、大山雀、红嘴相思鸟、棕胸佛法僧、黑翅雀鹎、大杜鹃、栗背伯劳等都很喜欢啄食白蚁。穿山甲等大型动物，直捣蚁巢，是白蚁的灾星。

二是如发现个别白蚁为害严重的香榧树，一定要及时报告地方林业局森林病虫防治检疫站。检疫站人员会通过现场调查分析，根据白蚁的不同特性，确定防治方法，并聘请专业技术人员，采用挖巢、引诱、诱杀、施药等方法进行综合性治理，在确保产品无公害的前提下，采用生物农药进行防治。农户千万不要擅自用药。盲目用药，不仅会污染环境，误杀天敌，而且会导致交叉扩散。

❷ 适龄劳动力大量外流

适龄劳动力流失是我国农村和农业面临的一个普遍问题，在香榧产区也不例外。有的村落以村规民约的形式规定采摘季节，农户家中的壮年劳动力必须回家参与采摘，以此来解决劳动力不足问题。但是，村规民约的执行状况目前无法保障。

年轻人大都走出大山到外面去从事自己喜欢的工作，家里农活平时基本上都是年纪在60岁以上的老年人在做。在稽东镇一些产榧村，已开始出现"请帮工"现象，但帮工的价格比较高。据悉，帮工基本上是稽东当地或者诸暨、嵊州一带产榧村的村民，早早摘完了自家的香榧就来帮忙。因为风险大，请个帮工的价格也不低，工资是按天算的，价格也是口头约定的，万一"工伤"了，双方都有些麻烦。

传统的采摘方式隐藏如此大的安全隐患，为什么榧农们还依然"铤而走险"？据稽东镇领导介绍说，一是香榧成熟时，每棵树上结着两种大小不同的香榧，因此不能采用"拍打"树干的采果方式；二是香榧树多数都有上百年历史，有的甚至有上千年的树龄，村民们对祖祖辈辈留下的古树有感情，舍不得去拍打，生怕不小心折断了树枝，影响了来年的产量；三是自然成熟掉下来的果实，以前没有好的收集方法，所以一直以来，农民们还是采用爬到树上一颗颗采摘香榧的传统方法。

≪≪让成熟香榧果实"自投罗网"≫≫

2013年9月，香榧森林公园内，几名工作人员正忙着围"地网"，就是在香榧树周围围起一道道像蚊帐一样的塑料网。据现场工作人员介绍，这是地方推行"采摘网"的试点区之一。据悉，2013年6月，"采摘网"已获得国家实用新型专利，其实用性在于通过在树底下围起层层塑料网，直接收获从榧树上掉落下来的香榧，既节省了人力、物力，又避免了榧农上树采摘香榧时的危险，还能保证香榧的成熟质量，大大增加了其经济价值。

香榧采摘网（陈锦宇/提供）

香榧青果基本都需要上树采摘，这需要大量的劳动力，而当地采摘人工薪资已达到300元/天，低廉的香榧价格与昂贵的人工成本，让榧农们捉襟见肘。据了解，采摘香榧的"采摘网"是嵊州市德利经编网业有限公司新近研发的一项新型专利成果。该公司负责人说，只要把这张网悬挂在香榧树冠下，可以坐等香榧的自然掉落，榧农就可以不费吹灰之力地把香榧收集起来。

相关农技专家也表示："香榧若能自然成熟脱落，当然比人工采摘好，除了能保证果农上树采摘的人身安全，经济效益也不可估量。"有人粗略地计算了一下，用经编织成的"采摘网"可以使用5年以上，成本远远低于雇工。

虽然效益显而易见，但也有榧农质疑，"采摘网"也有很多"短板"，比如香榧在网上可能会被松鼠偷吃；比如自己用渔网等织物编张网，成本能更节省等。对此，农技专家认为，从网上的结构来看，松鼠很难吃到网内的香榧，至于用渔网来替代，则忽视了网的野外抗老化与重量承受范畴，很可能会得不偿失。

❸ 保护与发展的矛盾

这几年绍兴香榧产业迅猛发展，香榧以其巨大的经济效益，被冠以"长寿树"、"摇钱树"等美誉。今天，这粒小小的果实，成为绍兴名优特产品的一张"金名片"。然而，绍兴香榧产业也面临保护与发展的难题。一方面，古老的香榧群正面临自然衰老、虫害、台风、雪灾的威胁，如何让香榧之香飘得更久远，亟须研究保护对策措施；另一方面，在扩大种植规模的同时，如何提高香榧品质，也关系着香榧产业的长远发展。随着绍兴市香榧规模的日益扩大，建立香榧种植专业技术队伍，为榧农及时提供技术指导显得日益紧迫。

香榧因为古老而珍稀，拥有七万余株百年树龄的会稽山古香榧群就是一个活态遗产的世界标本。如何让这个世界标本焕发青春和活力，推动香榧产业持续健康发展，是一个与榧农利益密切相关的问题。会稽山现存古香榧树都是分到当地农民手中承包经营，产权与经营权相分离，生产高度分散，古香榧树都为集体所有，经过估产按人承包到户经营，不仅出现了一户人家经营几棵树，还有一棵大树几户人家共同经营的情况。人们为追求最大经济效益而过度经营，使得香榧古树衰老过快，尤其是千年以上古香榧树过量施肥的后果尚难预计。

一棵大树几户人家共同经营（分配记录）
（陈锦宇/提供）

"有些农民盲目施肥导致香榧落叶落果，还有些农民单纯施化肥，不施有机土杂肥，香榧的香气、鲜味、松脆度等质量指标下降。"国内知名香榧专家、浙江农林大学戴文圣教授在实地调研会稽山古香榧群后不无忧虑地说，这种粗放管理，影响香榧的产量和品质，有些地方出现好年与差年的产量相差近三倍、产值相差两倍的现象。山区农民"靠山吃山"的无奈选择与遗产保护之间的矛盾越来越突出。合理规划，解决遗产保护与利用之间的矛盾冲突显得尤为必要。

田间施肥（白艳莹/提供）

保护规划座谈会（陈锦宇/提供）

❹ 农业文化遗产保护意识薄弱

很多人只知道香榧是珍贵的干果，价值很高，但还没有认识到古香榧树也是非常重要的农业文化遗产，没有意识到要去保护它。20世纪七八十年代，会稽山区经济极度贫乏，当地村民因雄榧树树形高大、木质精美，是木雕、围棋盘的上好材料，很多雄榧树被砍伐卖掉作为集体收入，使产区雌雄株比例严重失调。由于香榧雌雄异株的特性，缺失了雄树的香榧多年处于只开花不结果的状态。例如嵊州市谷来镇袁家岭村有香榧大树1 400株，而雄株不到40株。同时，优良的榧树种质资源也面临流失的危险，会稽山现今保存的古香榧树都在百年以上，树龄老化，尤其是千年以上的古香榧树体衰老明显，随着自然淘汰，优良种质资源将不断流失，亟待采取措施加以保护。

衰老的古榧树（陈锦宇/提供）

　　会稽山古香榧群已成为中国及全球重要农业文化遗产，但对古香榧群遗产价值的认识尚不充足，保护工作停留在古树保护和生态保护的层面上，没有真正全面开展香榧农业文化遗产的保护。对香榧和古香榧林的认知仍旧只停留在其经济价值上，忽视了其他多重价值，忽略了与香榧相关的生态文化与民俗文化的价值与传承，容易造成集体记忆的断裂，难以唤起地方的文化自觉。

《《绍兴市出台
《绍兴会稽山古香榧群保护管理办法》》》

　　2013年5月月底，绍兴会稽山古香榧群成功申遗，被认定为全球重要农业文化遗产保护试点单位。绍兴市政府随后出台《绍兴会稽山古香榧群保护管理办法》，对如何加强会稽山古香榧群的保护和管理工作作出明确规定。

　　办法共13条，内容涉及会稽山古香榧群的地理范围、保护内容、保护管理原则、保护管理措施、惩处法则等。根据规定，会稽山古香榧群保护管理的内容是会稽山古香榧群及其相关生物多样性、传统农业生产系统、农业文化和农业景观等的保护、开发和利用，对濒危古香榧树的抢救、生态修复，提高对台风、大雪、雷电等灾害性天气的预防能力。遵循"统一规划、分级负责、有效保护、合理利用、加强管理"的工作方针，设立会稽山古香榧群保护管理专项经费，专项经费纳入市和相关县（市）两级财政预算，主要用于会稽山古香榧群重要农业文化遗产的保护、研究、宣传、开发利用和奖励。建立会稽山古香榧群保护联席会议，由市农业部门牵头对会稽山古香榧群的保护、管理、科研和开发利用等进行综合协调和监督指导。该办法从2013年9月1日起施行。

（二） 发展中的机遇

❶ 农业环境问题日益严峻凸显传统农业文化价值

生态环境安全已成为影响人类生存与发展的主要制约因素，并引起人们的高度重视。随着以化肥、农药等西方现代农业技术为代表的文明的介入，我们的土地在短短的三十多年中，便已出现了硬化、板结、地力下降、酸碱度失衡、有毒物质超标等一系列问题。严峻的现实不能不引起人们的反思。

农药对治理农作物病虫草害具有重要作用，但农药过多过滥地使用带来了突出的环境问题。在杀灭害虫的同时也杀死了天敌。大部分药液随水流入河流，污染水体，进而导致水体富营养化。农药飘浮在空气中或降落在地面，一部分进入土壤、水体、生物体内，通过食物链形成危害。大量的农药如杀虫剂、除草剂、杀真菌剂、杀鼠剂以及一些熏蒸剂等均可引起人类呼吸系统的损伤。

长期使用化肥将对土壤环境产生影响，包括土壤酸度变化、土壤板结肥力下降、有害物质污染土壤等。过磷酸钙、硫酸铵、氯化铵等都属生物酸性肥料，即植物吸收肥料中的养分离子后，土壤中氢离子增多，易造成土壤酸化。化肥使用过多，大量的 NH_4^+、K^+ 和土壤胶体吸附的 Ca^{2+}、Mg^{2+} 等阳离子发生交换，使土壤结构被破坏，导致土壤板结；同时，用地不养地，造成土壤有机质下降，化肥无法补偿有机质的缺乏，进一步影响了土壤微生物的生存，不仅破坏了土壤肥力结构，而且还降低了肥效。制造化肥的矿物原料及化工原料中，含有多种重金属放射性物质和其他有害成分，它们随施肥进入农田，也将对土壤造成污染。

中华民族的祖先在历史上所创造出的丰富的农业文化遗产，不但使我们这个土地贫瘠、自然条件并不算十分优越的古老国度，在数千年间实现了超稳定发展，同时我们的祖先也通过施用农家肥、轮种、套种等传统技术，基本实现了对土地的永续利用。在面临工业文明带来的一系列环境问题时，人们逐渐开始反思现代农业与传统农业的关系，试图从传统农耕文化中吸取生存与发展的智慧以克服现代化的消极影响，进而重新发现传统农业文化的价值。由此，农业文化的继承与发展就成为人们关注的焦点。

进入21世纪，我国农业发展全面步入新阶段，农业生产由数量型向质量型发展，农业增长方式由粗放型经营向集约型经营转变。尤其面对加入WTO带来的机遇和挑战，有效解决产量与品质、增产与增收矛盾，提高农业效益和增强国际竞争力等已是迫切任务。在这种背景下，坚持可持续发展战略，有效解决日趋严重的资源环境问题将变得更为重要。

❷ 香榧独特品质和多重价值逐步得到认可

香榧集食用、药用、油用、材用、观赏和环保等于一身，是当地农业文化发展和兴盛的标志符号。香榧树雌雄异株，枝、叶、果都具有较高观赏价值，是很好的景观生态树种。香榧子具有很高的营养价值和药用价值。古香榧群属于独特的山地利用系统，不仅能够防止水土流失，还能为当地人民提供很高的经济价值。同时，古香榧群还具有历史地理学、环境科学等多种科研价值。

在会稽山地区的榧农眼中，香榧是"五种树"：首先它是"摇钱树"，能够世世代代给人们带来财富；其次是"子孙树"，祖辈栽种，孙辈收获；再次是"养生树"，树生千年，人照顾树同时也能长寿；第四是"积德树"，一朝栽下榧苗，功德传递几代甚至几十代人；最后是"生态树"，香榧种植很少使用化肥、农药，对环境又有良好的保护和促进作用。

药用

香榧对于驱除肠道的寄生虫，有较好的效果。据载，每天空腹嚼食3~4粒香榧，连服3~4天，可除钩虫。

食用

香榧风味独特、营养丰富，含有丰富的油脂（所含脂肪油以亚油酸、油酸等对人体有益的不饱的脂肪酸为主）、蛋白质、氨基酸、矿物元素和特殊的维生素，在古代就作为助消化、美容和保健食品。

香榧木根雕

以榧木树根（包括树身、树瘤、树根等）的自生形态及畸变形态为艺术创作对象，通过构思立意、艺术加工及工艺处理，创作出人物、动物、器物等艺术形象作品。

工业栲胶

香榧树皮的单宁含量大约是3%~6%，可用于提炼制成工业用栲胶。它是鞣制生皮使之成革及其他多种用途的化工原料。

香榧精油

以香榧青果皮作为原料的香榧精油、醇露、香榧熏香、手工精油皂等系列产品，在中东很畅销，甚至远销印度、叙利亚、波兰等国。

香榧木家具

香榧木材纹理直，硬度适中，树边材白色，心材黄白色，有弹性，不翘不裂，为造船、建筑、枕木、家具及工艺雕刻等良材。榧木也是制作围棋棋盘的一种最高级材料，其纹理微妙，木质软硬度和表面摩擦力都很适合制作棋盘。但香榧现在已经是极度珍稀，现在做棋盘的材料被北美铁杉（又称新榧木）代替了。

香榧酒

香榧酿酒有两种方法：一是将香榧果仁中的营养成分采用超临界CO_2萃取的方法，得到浓缩的营养液，直接勾调到成品酒中。其二，将香榧压榨去油脂，然后利用香榧渣、高粱、小麦一起直接发酵，经蒸馏、贮存、勾调而成香榧酒。

香榧的多重价值（刘欣/提供）

❸ 生态旅游产业快速发展是香榧文化发扬光大的历史机遇

生态旅游作为一种强调人地和谐统一的积极的旅游方式，近年来在我国呈现出良好的发展势头。生态旅游因为其巨大的包容性和资源的多样性，很容易与相关产业形成聚集，并与上下游企业形成较长的产业链延伸。

会稽山古香榧群既是珍贵的财神树，也是一种极好的观赏树种，同时还是一种品位较高的垄断性旅游资源。古今众多文人墨客以香榧为题材吟诗作词，众多历史名人流连于香榧轶事。千百年来，会稽山人们在文化、饮食、医药、婚嫁、风水等方面都与香榧结下了不解之缘。

古香榧群景观（徐德文/提供）

古香榧群景观优美，四季常绿、千年常青、长寿长效，香榧旅游业已在生态旅游的滚滚浪潮中占得一席之地。以古香榧群极其深厚的文化底蕴为基础，大力发展生态旅游将是发扬古香榧文化的绝好机会。

《《《生态旅游》》》

生态旅游是指以可持续发展为理念，以保护生态环境为前提，以统筹人与自然和谐发展为准则，并依托良好的自然生态环境和独特的人文生态系统，采取生态友好方式，开展的生态体验、生态教育、生态认知并获得心身愉悦的旅游方式。

生态旅游（陈锦宇/提供）

随着人类文明的不断发展和进步，人类生活水平和对生活质量的要求也不停地提高，追求回归自然，并以优良的生态环

境为依托的复合观景、度假休闲及专项旅游，使世界的生态旅游产业市场需求不断转型升级，以森林旅游为主要形式的生态旅游业已在世界各国迅猛发展，游客人数以每年30%的速度递增，成为旅游业发展最快的部分。

生态旅游的内涵包含两个方面：一是回归大自然，即到生态环境中去观赏、旅行、探索，目的在于享受清新、轻松、舒畅的自然与人的和谐气氛，探索和认识自然，增进健康，陶冶情操，接受环境教育，享受自然和文化遗产等；二是要促进自然生态系统的良性运转。不论生态旅游者，还是生态旅游经营者，甚至包括得到收益的当地居民，都应当在保护生态环境免遭破坏方面做出贡献。也就是说：只有在旅游和保护均有表征时，生态旅游才能显示其真正的科学意义。

❹ 全球重要农业文化遗产带来更多发展机遇

近20年来，我国自然与文化遗产保护意识不断增强，这不仅是因为被列入世界遗产名录能够提高一个国家、一个地区或一个城市在世界范围内的知名度，更为重要的是，自然与文化遗产保护事业在一定程度上还展示了一个国家文明进步的程度和教育科技文化发展的水平。需要指出的是，除联合国教科文组织的《世界文化与自然遗产名录》所列类型之外，还有许多其他具有重要意义的遗产类型也需要我们的关注和保护，农业文化遗产就是其中之一。

中国重要农业文化遗产

全球重要农业文化遗产

2011年绍兴市政府启动会稽山古香榧群重要农业文化遗产（GIAHS）申报工作。农业部2013年5月21日公布了19个传统农业系统为第一批中国重要农业文化遗产，陡坡山地高效农林生产体系——浙江绍兴会稽山古香榧群榜上有名。2013年5月29日，在日本石川县举行的全球重要农业文化遗产国际论坛会议上，绍兴会稽山古香榧群被FAO认定为全球重要农业文化遗产。

农业文化遗产主要体现的是人类长期的生产、生活与大自然所达成的一种和谐与平衡农业，农业文化遗产的保护不仅为现代高效生态农业的发展保留了杰出的农业景观，维持了可恢复的生态系统，传承了具有重要价值的传统知识和深邃的文化内涵，同时也保存了有全球重要意义的农业生物多样性。

我国自古就有保护自然的优良传统，并在长期的农业实践中积累了朴素而丰富的经验。几千年以来，中国古代哲学的整体性观念、"天人合一"学说、"相生相克"学说等在传统农业的发展中得到了充分体现和应用，并为现代生态农业的发展奠定了基础，成为国际可持续农业运动中的一个重要方面。数千年的农耕文化历史，加上不同地区自然与人文的巨大差异，形成了种类繁多、特色明显、经济与生态价值高度统一的农业文化遗产系统。

显然，农业文化遗产不仅体现在所蕴含的思想与理念上，而且具有重要的现实意义。大量的研究和实践表明：传统农业不仅可以为目前所倡导的"生态农业"、"循环农业"、"低碳农业"在思想和方法上提供有益的借鉴，而且对于保护农业生物多样性与农村生态环境、彰显农业的多功能特征、传承民族文化、开展科学研究、保障食品安全等均具有重要的意义。一些地方的实践更是表明：如果给予足够的重视和合理的利用，那些保持着传统农业特征的地方，不仅能够产生显著的生态效益和社会效益，同样也能够产生显著的经济效益。

《《申遗带来更多机遇》》

2013年4月，一个由二十多名来自意大利、葡萄牙、匈牙利等5个国家的游客组成的旅游团，受到首届樱花节的吸引来到赵家镇，住在皂溪山庄。赏樱花、游千年香榧林、品农家菜、办篝火晚会，老外们玩得不亦乐乎，而首次接待外国游客也让皂溪山庄老板娘感到很新奇。"外国游客都很热情，唯一遗憾的就是不能直接用语言和他们交流。"老板娘说，古香榧林成功申请全球农业文化遗产，今

后肯定会有更多国际游客前来旅游，要学点外语以备不时之需。

近年来，拥有优质生态环境的赵家镇力推生态游，大力发展农家乐经济，打响了"千年香榧林，百岁养生地"的旅游品牌。目前该镇拥有农家乐山庄58家，拥有近2 000张床位和3 000多个餐位，年接待游客30万人次以上，旅游产值达7 000万元。"古香榧群作为绍兴第一个世界级遗产，必将给乡村旅游带来无限机遇，千年香榧林也会因此焕发出新的生机。"绍兴旅游委员会有关负责人评价道。

以此为契机，2013年6月8日，全国唯一一条以"香榧和探险"为主题的高端漂流项目在赵家镇正式启动，这条位于香榧森林公园内的漂流总长2公里，落差100米，单个最大落差5米，整个漂流历时一个多小时。漂流的河道两岸孤峰耸立，万木叠翠，沿途怪石嶙峋，急流险滩遍布，飞瀑流泉高挂，溪水清澈见底，鱼石相映成趣。现已有越来越多的游客特意赶来体验香榧森林里的漂流。

除了给乡村旅游升温，古香榧林申遗成功对赵家镇香榧产业的发展也将起到巨大的推动作用。"香榧林成为全球重要文化遗产，这无疑让我们的香榧在国内国际进一步提高了知名度和影响力。"老何香榧的总经理说，以往香榧基本都在国内出售，出口很少，今后乘着申遗成功的东风，完全有可能将香榧卖到国际市场上去。

香榧林探险漂流项目

（三） 保护与发展对策

❶ 加强对农业文化遗产保护与开发的支持和引导

农业文化遗产是广泛分布于乡村社会的原生型民间文化，具有多样性、分散性和民间性等特点，就文化产业资源开发而言，它需要经过一个外部的整合、甄别、选择、加工的过程，而这个过程不可由农业文化遗产的主体-分散的农民来完成。要实现农业文化遗产的产业开发，政府必须承担起开发引导和资金支持的责任。政府需要调动社会公共资源对各地农业文化遗产进行全面调查，然后建立起完整的分门别类的农业文化遗产数据库，为农业文化遗产开发提供条件。

农民通常不能自我认知司空见惯的习俗器物的价值，应当由政府聘请相关专家来做专门的研究和调查，以帮助农民确认他们日常生活习俗的文化价值。此外，要将农业文化遗产开发纳入政府的日常工作议程，要有相应的政府部门来负责农业文化遗产开发的监督指导，要为农业遗产开发提供政策规划和相应设施的资金支持。

❷ 进一步开展农业文化遗产资源普查与整理工作

农业文化遗产资源普查是农业文化遗产保护的基础性工作，是抢救与保护的重要环节，对于掌握各地区农业文化遗产蕴藏状况，了解民俗民情，在科学认定的基础上，采取相应措施，使其在社会上得到确认、尊重、保护和弘扬，具有十分重要的现实意义。普查中所获得的资料和数据，是国家和地区主管部门制定文化政策乃至国策的重要依据。

通过对会稽山古香榧群区传统农耕系统及其相关组成内容，包括农业物种、农业景观、土地利用系统、民俗文化、民间技艺、传统建筑等进行普查，形成完善的数据库，梳理出农业文化资源的历史及其变迁、沿革脉络，为进一步的保护

绍兴会稽山古香榧群调查动员培训会议

与振兴打下基础。举办文化研讨班，研究农业遗产文化保护的思路、政策、立法、措施等相关内容；整理出版会稽山古香榧群农业文化遗产系列丛书，全面、系统、多方位反映文化的传承、保护、发展与取得的成就。

❸ 开发过程中要突出地方特色注重规模效益

政府编制农业文化遗产保护与发展规划，建设相应基础设施之后，一个地区或者一个村社要因地制宜地选择最具地方民俗特色的农业文化遗产种类来作为开发项目，不能与周边地区的开发项目雷同。

农业文化遗产旅游产品的开发，要在保持民间传统工艺材料和生产制作技艺的基础上，扩大产业规模，建立品牌优势，形成地方特色。同时，农业文化遗产开发要形成规模效应。农业文化遗产分布于乡村郊野，但是作为资源开发则要求形成集团化和产业化，否则分散的农业文化遗产就无法进行有效的市场开发。古香榧群集中分布在会稽山区域，如将这些资源整合，统一管理和开发，将产生巨大的规模效应，极大促进古香榧群资源的保护利用和传承。

《《《资源整合需要智慧 》》》

会稽山古香榧群分属诸暨、嵊州和柯桥三地，虽然申报农业文化遗产时合成一处，但在管理和发展上各自为政。将会稽山古香榧群打造成一个大的景点，是产业延伸的需求，但难在整合，因为这涉及到三地的资源，但没有整合就很难提升，这既需要有长远发展的眼光，也需要有打破条条框框限制的勇气。

可以将赵家镇、谷来、稽东三地的古香榧林组合起来，当作绍兴一个特大旅游项目来经营。利用三地优势，修通香榧林的旅游通道，设立人行通道、行车道、自行车游道等，使三地连成一片；在三地合适的地方建立休闲度假点，利用赵家镇农家乐，打造古榧林生态农家游，利用谷来古村落打造古村落游，利用稽东山地优势和离市区较近的优势，打造度假休闲游，布置好景点，设计好山间旅游项目，使三地香榧林成为绍兴的一个新型大景点；编制好三地古榧林保护和发展规划，注意吸引民间资本投资山内景点。

❹ 提高各利益相关方对农业文化遗产的认识

农业文化遗产保护涉及到多个利益群体、多种学科，需要各方积极配合，建立多方参与的保护机制。在各个利益相关方中，政府部门发挥着至关重要的作用，要通过不断努力使各部门进一步认识到农业文化遗产对农业现代化进程与生态可持续发展的巨大贡献，及其在新农村建设中所发挥的重要作用，提高政府层面对农业文化遗产项目的认同，促进古香榧保护与发展相关项目在地方的顺利实施。充分发挥国家和省市农业部门在项目的领导与协调、科研部门在提供项目的科技支撑、地方政府在项目的具体实施等方面的重要作用。同时，要通过科学研究、举办各种类型的会议和科普活动，加强对农民的宣传，提高其保护意识，将森林旅游向文化遗产保护转变，把产品加工转向整个香榧群落的保护。

❺ 处理好农业文化遗产保护、利用和发展的关系

农业文化遗产是长期历史积淀的民间文化，有的甚至保存了史前的原始信仰和图腾崇拜的遗风遗韵。面对祖先留下的"圣物"，我们在开发时首先要做到保持原汁原味，不能为了迎合现今的文化消费思潮而随意更改。但是，过度强调保护，会使被保护地的农业文化处于与世隔绝的状态，不为世人所知。久而久之，这些经历历史沧桑的文化遗产要么在沉寂中消亡，要么被时代洪流所淘汰。

处理好农业文化传统与时代创新的关系，即不要过度强调保护，把开发利用与保护传承对立起来，不加区别地反对文化遗产的开发利用，也不要过度强调开发，以经济指标来衡量开发的成绩，用资源消耗来换取开发的成果。要多发挥生态环境优势，学习世界上正在流行的生态旅游发展模式，寻找到一个兼顾文化、历史、开发几个层面的结合点，解决农业文化遗产保护与利用之间的矛盾冲突。

❻ 加快香榧基地建设缓解当前开发利用矛盾

目前香榧投产总面积不足0.47万公顷，总产量仅1 500吨左右，产品供不应求，价格居高不下。没有原料，产品深加工、系列产品开发、市场占领以至出口创汇都将成为无米之炊。而近年来新造幼林投产又少，在一个相当长时期内，香榧产品仍不能满足市场需求。因此，加快香榧基地建设，扩大栽培，加速资源增殖，应成为香榧产业化的重中之重。只有香榧基地建设取得明显成效，才可以有效缓解目前古香榧群面临的巨大的开发利用压力。

绍兴地区新发展的香榧林有上万亩，应根据香榧生物学特性和当地自然生态条件，按适地适树原则，做好发展规划，确定发展规模。香榧树生长较慢，投产较迟，种苗价格较高，发展起来投入较大，各级政府可给予一定的资金扶持。榧树和香榧的资源调查与性状变异研究证明，实生榧树种内性状十分复杂，存在着一些性状优良、种子品质达到或超过香榧的优株；香榧品种内也同样存在着变异，选种潜力非常巨大，应加强相关研究。

香榧基地

（四）文化传承与可持续发展途径

❶ 农业生态保护

保护目标：遗产地生物多样性包括古香榧和榧树品种资源、农作物品种资源等不减少，尤其是古香榧群种质资源得到有效保护；传统农业种植模式和管理技术如会稽山古香榧群合理的水土资源利用模式、林农复合型生态农业发展模式、传统病虫害防治及采摘加工技术等得到有效传承；农村生态环境质量显著改善，清洁能源普及率稳步提高，农业面源污染，甚至点源污染得到有效控制，生物多样性的环境威胁基本消失。

相关发展措施与行动计划包括：

古香榧树普查和救护：对区域内古香榧和古榧树资源进行普查，逐株登记编号，采集图片、树龄、树高、冠幅、胸径、所在位置（GPS定位）、环境以及养护历史等数据信息，建立古树资源档案数据库。对空朽严重、树冠生长不均衡、有偏重现象的古榧树，及时采取填堵树洞、加固、支持、疏枝等复壮措施，确保古树的生长。

古树支持（陈锦宇/提供）

古树救护（陈锦宇/提供）

安装避雷针（陈锦宇/提供）

遗产地生物多样性普查和保护：系统全面地调查保护区内农业生物多样性、野生动植物生物多样性和遗传多样性，农作物品种资源和家畜禽品种资源消长现状，尤其是地方特有种；开展农家种、地方种和近缘野生种的收集和保护工作。对区域内生物多样性的变化进行实时监测，在保证生物多样性稳定的前提下，适当恢复传统物种和品种的种植。

香榧及榧树种质资源保存：设立香榧及榧树苗圃，对通过普查找到的所有香榧及榧树种质资源通过嫁接等方法进行异地保护；并建设种质资源库，广泛采集香榧及榧树种子进入种质资源库长期保存。划定香榧种质资源保护区，明确保护单位和责任，落实监管保护措施，严禁各种破坏香榧种质资源行为，百年以上古香榧树和榧树的保护率达到100%。

病虫草害综合防治：利用传统农业生产方式中长久积累的有效生物防治方式来替代农药防治病虫杂草害，利用有机肥和农家肥来替代化肥的使用，避免因为农药使用带来农田污染和食物安全问题，更好的保护当地的农业生态环境。

生活污染控制：生活垃圾统一运到垃圾填埋场进行填埋。重点保护区内按每60米的服务半径设置生活垃圾收集点，配置洒水、吸粪、垃圾车辆，并配备专职环卫工作人员。村镇主干道每隔500米左右设置一处公厕，可结合公共建筑进行建设，粪尿通过配套建设的下水系统后集中统一处理。

排水和污水处理工程：若条件允许，保护区内的乡、村污水均要输入污水处理厂，污水集中处理达到相应水质标准后，可用于灌溉、养殖及重复使用。其他不能输送至污水处理厂的，应经化粪池、生化池、沼气池处理后排放。

❷ 农业文化保护

保护目标：与香榧有关的耕耘、管理、收获、加工、运输等传统农业生产工具保存完整，传统农业耕作技术与经验得以全面记录下来并传承下去；与香榧有关的伦理道德、社会规范、社会制度、风俗习惯、典章律法等传统农业生产制度得到有效传承，相关的有效乡规民约持续发挥作用；与香榧有关的艺术、音乐、戏剧、文学、宗教信仰等传统农耕信仰得到继承和发扬。

相关发展措施与行动计划包括：

遗产地农业文化普查与整理。对传统农耕文化、民间文艺、民间艺人、技艺、民间习俗、民间谚语、歌谣、诗词、各种古建筑等进一步普查；梳理出文化资源的历史及其变迁、沿革脉络，为进一步的保护与振兴打下基础。

组织香榧文化培训班。定期举办香榧传统文化培训班，参加人员应包括当地政府各个主管部门的人员和榧农代表，使其了解农业文化遗产及其重要性，并且更深刻地认识香榧传统文化的内涵和价值，增强自豪感和保护意识。

成立香榧文化研究中心。研究中心作为会稽山古香榧群农业文化遗产研究机构，进行香榧传统文化资料的收集，整理出版《会稽山古香榧群农业文化遗产系列丛书》、拍摄制作宣传片，全面、系统、多方位反映传统香榧文化的传承、保护、发展与取得的成就。

香榧炒制比赛（储开江/提供）

香榧培训班

举办香榧文化节。以香榧文化为主题举办节庆活动，既具有鲜明的地方特色，能够很好地表现农业文化遗产的核心内容，同时又可以创造具有较强娱乐观赏性的节庆项目。遗产地举办过香榧文化节，但还没有成为一个传统节日。为加强对会稽山古香榧群农业文化的宣传、提高知名度，需要培养大批农业文化艺术人才，选择每年香榧开采的时间举行节庆活动，使香榧节固定化、制度化。

《《2013年诸暨·赵家首届网络香榧节》》》

2013年11月4日诸暨·赵家首届网络香榧节开幕，举办了十年之久的香榧节第一次办到了网上，与此同时，半斤装的千年林产的香榧也在淘宝聚划算上同步销售，不到24小时，已吸引5 400多人下单。

2013年诸暨·赵家首届网络香榧节

为拓宽销售渠道，赵家镇政府首度联手淘宝网、聚划算等大型电商，推出"扶农微公益—诸暨千年香榧·乐享情"聚划算团购等活动。新的销售模式有助于带动人们观念和香榧定位的转变，让香榧从"礼品经济"回归到"大众消费"，进一步打响诸暨香榧的品牌和知名度。

建设香榧文化博物馆。展示内容包括会稽山古香榧群的起源、发展历史；相关农耕文化如农具、作物品种等；会稽山古香榧群有关的民俗文化，包括各种民间舞蹈、历代民间歌谣、诗歌等；香榧相关特色产品。

申报非物质文化遗产和文物保护单位。详尽挖掘会稽山古香榧群的科技价值，结合遗产地文化普查和整理

里宣村香榧古树群（陈锦宇/提供）

挖掘工作，针对有特色和价值的文化遗产，组织申报市级、省级乃至国家级非物质文化遗产和文物保护单位。

《《绍兴会稽山古香榧种植园成为省级文保单位》》

2013年绍兴会稽山古香榧种植园成功晋级为省级文保单位。这也是目前浙江省唯一的活态文保单位。活态文物申报成功省级文物保护单位，是对文物保护工作的一种创新。目前，全国的"活态文物"屈指可数，因为"活态文物"和静态文物不同，是一部流动的文明史。"活态"说明它一直在为人类服务，不仅有传承教育功能，而且有实际使用价值。

绍兴会稽山古香榧种植园（陈锦宇／提供）

绍兴会稽山古香榧种植园作为反映会稽山区古代先民生产、生活方式的重要实物遗存，文物价值丰富，文化底蕴深厚，是一部活着的历史。在会稽山区，香榧的培育与栽植依然是当地百姓生活的一种重要传统，香榧对当地而言，发挥着造福民生、传承文明、保护生态、美化环境等多种功能。

❸ 农业景观保护

保护目标：通过农村环境治理、农田整治，植树造林，进一步丰富遗产地农村、农田、森林景观，整体提升古香榧群农业系统的景观美感；充分发挥遗产地古道石桥、祠堂、古民居、古村落、古建筑物、名人遗迹、农田水利的科普景观价值，通过合理规划，引导形成具鲜明地方特色的休闲农业旅游资源。

相关发展措施与行动计划包括：

乡村景观资源的分类调查与评价。对遗产地农田景观、村落景观、自然景观、人文景观进行普查，建立相应的建筑、景观数据库并进行分类和评价。对遗产地内古建筑的保护和保存进行详细论证和研究；设立专门的机构对遗产地的村容村貌和景观变化进行监测和监督，防止违规建设。

古建筑修缮与村容村貌整治。统一修缮可维修的古建筑，对于无法修补的古建筑在不影响整体景观的前提下可以保留，对于现代化的建筑进行严格控制。已修建的现代化建筑，要从外观上进行"复古"，以保持与遗产地整体形象的协调。即将修建的房屋，要严格按照要求的外观进行统一处理，不提倡按照个人的意愿自行修建房屋，采用行政方法对建筑风格进行严格控制。

《《一座"活"的庭院，诸暨耗巨资保护修缮古民居 》》

绍兴诸暨斯宅历史文化村镇包括新上泉、斯宅两个村。两个村落至今完整保存清代古民居建筑有14处之多，且单位建筑面积均在3 000平方米以上，最大的达到12 500平方米。其中，千柱屋、下新屋（发祥居）、华国公别墅等三处建筑最具代表性，建于清嘉庆年间，至今已有200多年历史，且以其规模宏大、造作讲究、保存完整而著称，尤其是建筑中丰富的木雕、石雕、砖雕装饰工艺更具特色，可以说是一处研究我国江南地区清代民居建筑的珍贵实物资料。

斯宅千柱屋（陈锦宇/提供）

斯宅古民居历经百年沧桑，许多房屋受风雨侵蚀、白蚁危害、人为破坏等因素影响，已经出现倾倒的危险，斯宅文保处在各级政府和市文化主管部门的关心和支持下，以抢救性修复为主，对部分建筑构架进行加固，对破损严重的重点文保单位进行修复。近几年，有关部门累计投入近2 000万元对华国公别墅、发祥居、新潭家等斯宅古民居进行修缮和保护，还建立了斯宅文保区专职消防队和斯宅古民居建筑群视频动态监控系统工程，全方位保护古民居。

❹ 生态产品开发

发展目标：建设生态产品生产基地，大力推广香榧快繁育苗、嫁接大苗造林、香榧人工授粉、香榧白蚁防治等先进实用高效栽培技术；依托新投产香榧林，形成香榧苗木繁育、生产、加工、销售的完整链条；扶持遗产地香榧产品加工龙头企业，打造省级和国家级知名品牌。鼓励各类农产品品牌进行三品一标认证，遗产地香榧产品逐渐实现农业文化遗产品牌认证；遗产地部分香榧产品实现有机认证。进一步开拓国内及国际消费市场。

⟪⟪⟪ "三品一标" ⟫⟫⟫

无公害农产品、绿色食品、有机农产品和农产品地理标志统称"三品一标"。"三品一标"是政府主导的安全优质农产品公共品牌，是当前和今后一个时期农产品生产消费的主导产品。

无公害农产品：是指产地环境和产品质量均符合国家普通加工食品相关卫生质量标准要求，经政府相关部门认证合格、并允许使用无公害标志的食品。这类食品不对人的身体健康造成任何危害，是对食品的最起码要求，我们的食品均应符合这种食品的要求，所以无公害食品是指无污染、无毒害、安全的食品。

绿色食品：是指无污染、优质、营养食品，经国家绿色食品发展中心认可，许可使用绿色食品商标的产品。绿色食品是中档食品，我国已有多家企业生产绿色食品，是人类食品在不远的将来要达到的食品。绿色食品分为两级，即A级绿色食品（生产条件要求较低的食品）和AA级绿色食品，要求质量较高，与有机食品要求基本相同。

有机农产品：是指根据有机农业原则，生产过程绝对禁止使用人工合成的农药、化肥、色素等化学物质和采用对环境无害的方式生产、销售过程受专业认证机构全程监控，通过独立认证机构认证并颁发证书，销售总量受控制的一类真正纯天然、高品味、高质量的食品。有机食品是食品的最高档次，在我国刚刚起步，即使在发达国家也是一些高收入、追求高质量生活水平人士所追求的食品。

农产品地理标志是指标示农产品来源于特定地域，产品品质和相关特征主要取决于自然生态环境和历史人文因素，并以地域名称冠名的特有农产品标志。农业部负责全国农产品地理标志的登记工作，农业部农产品质量安全中心负责农产品地理标志登记的审查和专家评审工作。省级人民政府农业行政主管部门负责本行政区域内农产品地理标志登记申请的受理和初审工作。使用农产品地理标志，应当按照生产经营年度与登记证书持有人签订农产品地理标志使用协议，在协议中载明使用的数量、范围及相关的责任义务。

相关发展措施与行动计划包括：

香榧基地建设。划定香榧有机生产基地、绿色生产基地、无公害生产基地的范围，各类基地制定严格的生产标准和管理方法，以诸暨市的赵家镇和东白湖镇、柯桥区的稽东镇、嵊州市的谷来镇和西白山为重点，带动香榧产业的发展。

实施标准化生产。大力宣传推广已制定的标准，通过实施标准化生产规范香榧产业。同时建立一套完整的监督和奖惩体系，鼓励严格按照标准生产加工的榧农和企业，处罚不按标准的生产行为，提高香榧产品的质量和安全性，增加遗产地香榧的市场竞争力。

香榧品牌打造。通过加强品牌质量的监督管理，淘汰一部分不合格的商标产品，打造和扶持5~8家质量上乘、信誉卓著的香榧产品加工龙头企业和15~20个国家级和省级知名品牌，做大做强遗产地的香榧产业。

《《冠军香榧：创牌中不断超越》》

诸暨冠军香榧集团座落于中国香榧之乡——诸暨赵家镇农业科技园区，始创于1989年，主要经营农副产品加工、销售、农业基地开发等，拥有目前国内最大的香榧加工基地和苗木繁育基地，公司拥有自营出口权。

冠军香榧

经过多年的潜心经营，"冠军"香榧被誉为香榧行业中的冠军。2006年，"中国驰名商标"、"全国林业产业化龙头企业"和"浙江省骨干农业龙头企业"的认定，使冠军企业品牌插上了腾飞的翅膀，迈入了中国香榧产业顶级品牌行列。

"冠军"产品自进入市场以来，覆盖了全国十多个省市和地区，设立了上百家品牌专卖店，进入了全国十大超市和多家顶级大卖场。同时冠军公司利用自己的品牌优势和健全的销售网路、严谨的管理、先进的设备，着力打造了以香榧、山核桃、开心果为主的"冠军"牌系列产品。

产品宣传。在电视、广播、报纸、杂志等传媒上多层次开展各类香榧产品的宣传，积极参加各种农产品展览和宣传活动。

加强农产品的各种质量认证。香榧发展基地应着力实现农业文化遗产品牌认证，其他区域根据生产情况确定需进行认证的产品。按照国家对有机农产品的认证标准，逐步实现香榧产品的有机认证。

⑤ 休闲农业发展

发展目标：在保护的基础上合理开发会稽山古香榧群农业文化遗产旅游资源，进行主要旅游区重点项目的建设，包括标志性建筑修缮、古民居修缮、农业文化遗产风景道修缮、景区内游步道修建等项目建设，进一步完善主要景区的服务体系，将遗产地建成农业文化遗产风情体验、山水游乐、民俗文化鉴赏的特色旅游区。同时，根据遗产地旅游业发展的现状和市场的变化，实时调整景区部分旅游产品的开发和布局，不断提升古香榧群农业文化遗产地旅游发展的质量。

相关发展措施与行动计划包括：

旅游资源普查与旅游线路设计。对会稽山古香榧群内的旅游资源进行普查，建立区域旅游资源数据库。在已有旅游线路的基础上，进一步考虑农业文化遗产休闲农业的特点，兼顾游客吃、住、行、购、娱等需要，设计需要进一步建设的不同旅游路线。

基础设施建设。遗产地内交通线路要形成系统，以使遗产地内重要的景点和发展区域相互串联起来。目前遗产地已有几条通行道路，其余连接各乡镇的道路均需进行修建或完善。同时，需在重要节点建立规模相对较大的停车场。

旅游产品开发。依托原始香榧林景观特色，加速观光产品升级；依托资源优势，大力发展自然山水游乐旅游；依托杭州市和绍兴市客源，大力发展休闲度假旅游；依托香榧民俗文化，深度开发文化旅游。其中，以遗产保护为核心的山村风情旅游开发是重要目标，以体现地方文脉为主题的民俗文化旅游挖掘是根本保证。根据上述旅游产品开发的策略，农业文化遗产的旅游产品可规划为五大旅游产品系列，10个旅游产品。

休闲农业产品系列

系列	旅游产品
山村风情观光休闲旅游产品系列	1. "古香榧群"景观
	2. 农事体验，如香榧炒制作坊等
	3. 农家乐
研修教育旅游产品系列	4. 香榧文化博物馆
文化陶冶旅游产品系列	5. 斯宅等古民居和古建筑物考察
	6. 香榧文化节庆
自然山水游乐旅游产品系列	7. 三坑湖等
	8. 饮马池等
特色旅游商品系列	9. 香榧产品
	10. 有机农产品

（五）农业文化遗产保护的能力建设

❶ 文化自觉能力

建议目标：提高遗产地管理者和居民对会稽山古香榧群遗产价值与保护重要性的认识，使遗产地范围内的居民能够理解会稽山古香榧群作为农业文化遗产地的意义与影响，带动各利益相关方特别是社区居民参与保护与发展的积极性。

相关发展措施与行动计划包括：

科普教育。编写《会稽山古香榧群农业文化遗产相关的领导干部读本》、《农民实用技术手册》、小学或初中教材等，学校的展览和入学教育等活动也融入农业文化遗产的内容，培养当地民众对香榧的深厚感情和自豪感。

2012年香榧文化与香榧产业发展研讨会
（陈锦宇/提供）

影视图书照片类宣传。摄制适宜在不同场合播放的片长不等的关于会稽山古香榧群的影像作品；出版古香榧群农业文化遗产保护类图书；特约著名作家、摄影家、记者撰写或创作拍摄与绍兴会稽山古香榧群保护有

摄影、征文活动（陈锦宇/提供）

关的散文、诗歌、小说、摄影作品。根据宣传需要的频率，参加、举办或赞助各类学术活动和文化体育活动，比如摄影展、征文比赛等。

传统媒体及网络宣传。在利用报纸广播电视等传统媒体宣传的同时，注意发挥网络以及新兴的微博、微电影等自媒体功能，运用形式活泼、贴近生活的内容宣传推广绍兴和绍兴会稽山古香榧群。

《《会稽山古香榧林征文、摄影比赛》》

为进一步保护、传承、发展绍兴会稽山古香榧产业和古香榧文化，2012年6月，绍兴市文联组织本市部分作家、摄影家100多人次，由市文联副主席马炜、严国庆带队，会同市农业局会稽山香榧申遗工作领导小组农业文化遗产申报办公室开展了为期三天的"会稽山古香榧林征文、摄影比赛"采风活动。

艺术家们听取当地镇领导介绍情况

绍兴市的古香榧林，地处会稽山脉中段主峰龙头顶一带，形成了以柯桥区稽东镇、诸暨市赵家镇和嵊州市谷来镇为核心的古香榧林群，是中国著名的香榧产区。6月18-20日的三天时间里，作家和摄影家们深入山区密林，先后走访柯桥区稽东镇占岙村、诸暨市赵家镇榧王村（钟家岭）

艺术家赴香榧林采风（陈锦宇/提供）

和嵊州市谷来镇袁郭岭村等，在听取了各镇（村）相关负责人的情况介绍后，到

场的作家和摄影家们迅即深入山川，探访古榧，穿梭于宁谧的自然画卷中，进行现场采风创作。

此次采风创作活动，不仅为古香榧林文学、摄影的专项创作积累了丰富的素材，同时也补充了艺术家们的创作养分、捕捉了艺术灵感、增进了与大自然的情感，加深了文艺家对宣传古香榧林的责任感。采风结束后，作家摄影家们纷纷表示，将力争创作出更多艺术性、观赏性相统一的，更能够反映古香榧林文化价值和历史价值的好作品，为会稽山古香榧申遗尽自己一份绵薄之力。

《《《绍兴市评出"会稽山古香榧之最"》》》

为更好地保护绍兴会稽山古香榧群，更加深入挖掘会稽山区域的香榧文化，彰显会稽山古香榧群的独特性、珍稀性，扩大古香榧群的影响力。绍兴市绿化委员会、绍兴市林业局、绍兴市农业文化遗产申报办公室联合开展了"会稽山古香榧之最"评选活动，邀请了浙江省林业厅、浙江农林大学、浙江省林业调查规划设计院、浙江省林业技术推广总站等单位专家组成"会稽山古香榧之最"现场实测及评审组。在各县（市）推荐上报基础上，经专家组现场测定及综合评审，评出了最古老香榧树、最大胸径古香榧树、最大冠幅古香榧树、最美古香榧树、最佳古香榧群等"会稽山古香榧之最"。

最佳古香榧群（沈亦凡/提供）

宣传横幅

② 决策参与能力

建设目标：农业文化遗产管理者对遗产的保护与发展有着明晰的思路，能够对基层管理人员进行系统的指导。在会稽山古香榧群农业文化遗产保护与发展相关的政策制定过程中，能够征询遗产地农民的意见，农民代表能够就自身及所处社区实际情况对政策的制订提出建议。通过会稽山古香榧群农业文化遗产保护与发展机构设置、规章制度建设、监测及监督能力建设、经验学习与交流等手段提高农业文化遗产管理者的决策能力和农民代表的参与能力。

相关发展措施与行动计划包括：

机构设置。设置会稽山古香榧群农业文化遗产保护与发展相应管理机构，充实和配备专业管理人员，具体负责农业文化遗产相关工作，包括农业文化遗产的保护、发展、宣传教育以及其他各个方面的相关事务，提升政府对遗产地自然资源的保护和可持续利用以及管理能力。

规章制度建设。建立健全适合绍兴市农业文化遗产保护的社区参与相关规章制度，以确保社区参与实施的严肃性和延续性。

工作会议。定期召集参与会稽山古香榧群农业文化遗产管理的相关人员召开工作会议，通报各自的工作进展情况和今后的工作安排，提出以往工作中存在的问题，群策群力，加以解决。

培训交流。组织会稽山古香榧群农业文化遗产管理人员和榧农代表积极参加各种农业文化遗产会议，积极学习不同农业文化遗产保护和发展的先进理念和成功经验，并结合实际情况应用到会稽山古香榧农业文化遗产保护与发展中。

监测及监督能力建设。设立地方生态监测的技术机构，综合协调各部门和各地区生态监测工作，长期监测古树资源、生态环境、生物多样性和外来物种。加强信息基础设施建设、数据库系统建设、农业生物多样性保护管理信息系统建设和信息传播设施的建设。完善行政

古树资源监测（陈锦宇/提供）

监察制度，加强社区自我管理制度建设，通过社区的自我管理机制，不断提高村民的文明生活意识。

③ 经营管理能力

建设目标：通过培训，提高社区居民对农业文化遗产价值与保护重要性的认识和参与保护与发展的积极性；通过人力资源建设满足管理领导、技术人员和劳动力需求；通过科学研究与技术推广为香榧的生产发展提供技术支撑；通过设立香榧产业发展基金鼓动大家的积极性；通过成立香榧协会和合作社加强管理。

相关发展措施与行动计划包括：

榧农培训。建立完善的农业技术推广与培训体系，制定针对劳动者的技能培养计划，加大对香榧产区农户的科技培训，实现"科技与香榧，专家与农户"的对接；建立农民对自己家乡、对香榧的深厚感情和自豪感，在经济补偿措施的配合下，促使越来越多的村民愿意留下从事香榧生产。

《《《印度尼西亚农业文化遗产考察团来绍兴考察会稽山古香榧群"》》》

2013年12月6日，印度尼西亚人民福利统筹部社区赋权司助理巴穆奇·李斯特里等一行3人到绍兴市考察全球重要农业文化遗产保护与管理工作。

在绍兴市人民政府张校军副秘书长、市农业局水茂兴副局长及农业部、中国科学院、省农业厅外经办等相关人员的陪同下，考察团实地考察了绍兴市全球重要农业文化遗产会稽山古香榧群核心保护区内的诸暨赵家镇香榧国家森林公园。张校军副秘书长向考察团详细介绍了绍兴历史文化、香榧申遗历程、农业文化遗产保护与管理等情况。

此前，印度尼西亚人民福利统筹部联系农业部，要来我国考察学习全球重要农业文化遗产保护与管理先进经验。农业部首选了今年刚入选全球重要农业文化遗产保护试点的绍兴会稽山古香榧群。考察团实地感受了绍兴会稽山古香榧群的壮观与独特历史文化，对绍兴市农业文化遗产的保护和管理工作给予充分肯定和赞扬，并对此次考察的收获感到满意，认为此次考察对今后印尼农业文化遗产保护与管理工作具有重要的借鉴和指导意义。

榧农培训（张荣锋/提供）

印尼代表团座谈（王剑/提供）

人力资源建设。除了管理人员和技术指导人员，劳动力更是影响会稽山古香榧群保护与发展的一个重要因素。解决劳动力资源流失问题，除留住现有人才，还要通过各种经济、行政等手段吸引人才，提高当地的人力资源水平。

香榧科学研究与技术推广。积极鼓励相关单位与附近大专院校、科研机构进行科技协作，聘请专家、教授担任香榧项目顾问，开展良种选育、遗传育种、密植速生丰产、香榧剥壳、深加工及综合利用等方面的研究，同时大力推广应用现有的科研成果和营林新技术，不断吸收、借鉴和应用其他产业的先进技术。

设立香榧产业发展基金。增加资金投入，明确落实和出台各项资金扶持政策。设立绍兴市香榧发展基金委员会，并每年下拨一定量香榧基金，用于香榧科研、新产品开

香榧科学研究与技术推广
（陈锦宇/提供）

发、加工设备的研制和更新、无公害标准推广使用、香榧古树保护、质量评比、协会建设、宣传、奖励名牌产品及对产业发展做出贡献的单位和个人。

协会及基地建设。加大对香榧协会的扶持力度，充分发挥产业协会的桥梁和纽带作用，加强协会与榧农、企业的联系，强化协会在技术、市场、信息等方面的服务功能，促进生产者之间、生产者与消费者之间的联系和协作。鼓励企业自办基地和承包经营基地，鼓励和支持榧农自愿互利的基础上，建立健全的土地流转机制，以解决香榧因分户带来的经营分散、规模偏小、管理不便的问题，培养有一定规模的香榧种植大户和高产值的香榧基地。

附录

附录 1　旅游资讯

绍兴是一座古老而富饶的城市，人杰地灵，文化底蕴深厚。1万年前，绍兴先民就在此聚集繁衍；4 000年前，大禹成功治水，会集诸侯，稽功行赏，会稽山由此得名；2 500年前，越王勾践兴农安民，城郭旧址至今保存完好。

（一）绍兴概况

绍兴市位于浙江省中北部、杭州湾南岸，东连宁波市，南临台州市和金华市，西接杭州市，北隔钱塘江与嘉兴市相望。全境域东西长130.4千米，南北宽118.1千米，海岸线长40千米，陆域总面积8 273.3平方千米，下辖越城区、柯桥区、上虞区、诸暨市、嵊州市和新昌县，其中市区总面积2 942平方千米，人口216.1万。绍兴已有2 500多年建城史，是国务院公布的首批24个历史文化名城之一、首批中国优秀旅游城市、联合国人居奖城市，也是著名的水乡、桥乡、酒乡、兰乡、书法之乡、戏曲之乡、名士之乡，素称"文物之邦、鱼米之乡"。

水乡：绍兴位于钱塘江南岸，宁绍平原的西部。境内河湖纵横密布，有"水乡泽国"之称。水巷弯弯，流韵荡漾，置身其间，如在画中，历来为文人墨客所称

绍兴——水乡

注："旅游资讯"部分的照片均为绍兴市旅游委员会提供。

道。绍兴的水，流传着许多传说和故事，一个水字，牵动着多少水乡之情。悠悠古纤道上，绿水晶莹，石桥飞架，轻舟穿梭，有大小河流1 900千米，构成典型的江南水乡景色。

绍兴——桥乡

桥乡：绍兴水系发达，据称有桥梁4 000余座，是名副其实的"桥乡"。其中纤道桥是中国最长的古石桥，过去它的主要作用为纤夫拉纤用，还可作为船只的避风屏障。而绍兴现存最古老的桥梁，当数八字桥，建于南宋嘉泰年间，历经800年的风风雨雨，仍巍然屹立在这古老的河道上。

酒乡：黄酒是世界上三大古酒之一，绍兴黄酒闻名中外，也是绍兴人最爱喝的酒。黄酒文化，是绍兴深厚历史文化的重要组成部分。绍兴酿酒的历史十分悠久，绍兴黄酒采用自然发酵方式酿造，以精白糯米、优良小麦和鉴湖水为原料，俗称三者为"酒中肉、酒中骨、酒中血"。其色泽黄澄清澈，香气浓郁芬芳，滋味醇厚甘甜。关于酒的节会活动也早就产生。据史籍记载，元代绍兴路的总管泰不华，曾在东浦镇附近的薛渎村"饮乡酒，赛龙舟，与民同乐"。在东浦镇上，至今还完好地保存在着一方镌刻着《酒仙神诞演庆碑记》的石碑。

兰乡：绍兴是越王勾践最早栽种兰花之处，绍兴人又喜爱兰花，故兰花被命名为绍兴市市花，于是绍兴又有"兰乡"之誉。漓渚是绍兴古鉴湖源头，区域内山清水秀，环境优美，是闻名遐迩的"中国花木之乡"。漓渚镇历史悠久，文化积淀深厚，被尊为"千年兰乡"，是绍兴西南部古老而繁华的历史名镇。

书法之乡：绍兴市是越文化发源地，历来耕读传家，文风昌盛。特别是1 660多年前，东晋永和九年（公元353年）三月三，王羲之写就"天下第一行书"《兰亭序》以来，崇尚书法成为绍兴人的传统。王献之、智永、虞世南等中国书法史上里程碑式的绍籍名家代代皆有，其中被《中国书法家大字典》收录的绍籍书法名家多达143位。

戏曲之乡：绍兴戏曲传统绵长，剧种、曲种多样，声腔丰富，剧作高超，作家、艺人辈出，是绍兴文化的重要组成部分，在中国戏曲史上占有重要的地位。中国五大戏曲剧种之一的越剧，声音优美动听，表演真切动人，唯美典雅，极具江南灵秀之气。2006年5月，

越剧

越剧被列入第一批国家级非物质文化遗产名录。

名士之乡：绍兴历代人才辈出，明代文学家袁宏道初至绍兴，绍兴的人才济济给他留下深刻的印象。王充著《论衡》成为不朽之作；王羲之作《兰亭集序》，赢得"书圣"的至上荣誉；陆游咏诗万首流芳百世；王阳明心学远播日本、东南亚，影响深远；徐渭水墨淋漓，是我国青藤画派创始人……杰出的人才，卓越的贡献，实足使人仰思乔木而感奋不已。

2013年绍兴市生产总值（GDP）达到3 967.29亿元，比上年增长8.5%，其中第一产业增加值193.27亿元，增长3.1%；第二产业增加值2 102.93亿元，增长8.6%；第三产业增加值1 671.09亿元，增长9.0%。2013年城镇居民人均可支配收入和农村居民人均纯收入分别达到40 454元和19 618元，增长9.6%和10.8%。

（二）旅游景观

　　早在7 000多年前，绍兴就是中国重要的文化发祥地——河姆渡文化圈的中心区域。公元前490年，越王勾践在绍兴建越国都城，2 500年来城址未变，文化历史一脉相承，这在中国、乃至世界城市的发展史上堪称少见。从"勾践小城"到"山阴大城"，从"南宋都城"到"明清巨邑"，一路走来，古城绍兴精华荟萃，尽显神韵。置身绍兴的山水和街巷之间，仿佛时光倒流，不经意间与你敬慕的名人不期而遇：治水英雄大禹在会稽山上大会诸侯，稽功行赏；越王勾践卧薪尝胆，励精图治；曲水潺潺，饮酒赋诗，王羲之一笔挥就"天下第一行书"《兰亭集序》；邂逅沈园，情意凄绝，陆游怅然题就《钗头凤》；明代大儒王阳明研修心学，创"阳明学派"，播扬东瀛；中国"救亡图存"之际，文化战线上的民族英雄鲁迅奋笔疾书：愈艰难，就愈要做……群贤荟萃，星光灿烂，让后人高山仰止，倍感自豪。这里，可游山玩水，亦可修禅礼佛；这里，让人见贤思齐，更宜访古鉴今。

❶ 自然景观

　　（1）全球重要农业文化遗产·绍兴会稽山古香榧群——柯桥香榧省级森林公园、诸暨香榧国家森林公园、嵊州香榧省级森林公园。

柯桥香榧省级森林公园

　　柯桥香榧森林公园位于会稽山脉的北面，在柯桥区稽东镇境内，西部与诸暨市赵家镇交界。公园内多高山峡谷，常年云雾缭绕，尤其是公园核心区内一株有"中国香榧王"之称的古香榧树，距今已有1 560多年，堪称"活标

柯桥香榧省级森林公园

本"。目前公园内农副产品销售区、休闲农庄、停车场、竹石制休闲亭、观光步

行道、古式廊桥、竹牌楼、农家乐等配套设施一应俱全，千年香榧林、十里月华坪、古村落民居、仙人桥洞、玄坛庙、寒天佩瀑布、斗坑岭、龙塘第一山冈、百年葡萄野藤、千年仙人古洞、绵延绿林竹海等景点配置错落有致。

诸暨香榧国家森林公园

诸暨香榧国家森林公园位于会稽山脉的西面，在赵家镇南部，与柯桥区稽东镇、嵊州市谷来镇交界。香榧国家森林公园是香榧的主产区，也是我国最重要的香榧自然保护区。是一个以"古榧奇姿、林茂树古、佳果名茶、重岩飞瀑、人文点缀"为主要特色，以香榧资源保护开发、生态农业观光休闲旅游为主要功能的国家森林公园。境内的仙坪山古香榧林是我国规模最大的香榧古树群，2007年入选浙江农业吉尼斯纪录的榧王村"千年香榧王"便位于此处。

除了成片的古香榧林，公园内还有因越王勾践操练兵马而得名的走马岗，有被称为"外宣三老"的千年茶花王、枫香王、银杏王，还有原始香榧博物馆、香榧文化园等人文景观。公园内游步道、石凉亭、竹茶楼等配套设施，农家乐等接待服务设施已具备一定规模，年接待游客10万余人。

嵊州香榧省级森林公园

嵊州香榧省级森林公园，位于会稽山脉的东南面，在嵊州市谷来镇境内。生态环境优美，群山环抱，一年四季鸟语花香，溪水清澈见底，是小舜江的发源地。千年榧林连山成片，姿态万千，堪称森林奇观。公园内森林风景资源独特而丰富，拥有古香榧树群60个，其中香榧古树树龄在百年以上的5 000株，500年以上的3 000株，千年以上的100多株。

诸暨香榧国家森林公园

嵊州香榧省级森林公园

（2）东湖景区（AAAA级旅游区）。

（AAAA级旅游区）昔日秦始皇东巡至会稽，于此供刍草而得名。自汉代起，民工相继至此凿山取石，至隋，越国公杨素为修越城，大举开山取石。经千年鬼斧神凿，遂成悬崖峭壁，奇潭深渊，宛如天开。湖中崖壁蹉跎，有的对峙如门，有的倒悬若堕，有的深曲如洞，水色深黛、清凉幽静，巧夺天工之奇观，其风格独特，使人陶醉。

东湖景区

（3）柯岩风景区（AAAA级旅游区）。

国家首批AAAA级风景旅游区，由柯岩、鉴湖、鲁镇三大景区构成，游览面积6.8平方千米。这里，千年越文化光华闪耀，彰显绍兴特色的石文化、水文化、桥文化、酒文化、戏曲文化、名士文化、民俗文化，魅力四射。

柯岩风景区

（4）诸暨五泄风景区（AAAA级旅游区）。

五泄风景名胜区位于诸暨市西部，距离诸暨城区20千米，景区面积50平方千米，是浣江·五泄国家级风景名胜区的主要景区，她同时又是国家森林公园、国

五泄风景区

家AAAA级旅游区、全国旅游消费者信得过示范景区。五泄景区是典型的山水型景区，山清水秀，景色优美。它的最大特点是五泄瀑布，一个瀑布分成五级，姿态各异，神奇壮观，被海内外人士称之为"神州独有五级瀑"。

（5）嵊州百丈飞瀑风景旅游区（AAAA级旅游区）。

百丈飞瀑风景旅游区是浙江省嵊州温泉旅游度假区核心组团之一，以瀑布的声势、规模、形态著称。景区以山水文化为内涵，湖泊风景、瀑布观瞻、火山岩石地貌为特色，融人文景观和自然山水为一体，是集游览、观赏、科普教育功能的综合型景区。

百丈飞瀑风景旅游区

❷ 人文景观

（1）大禹陵（AAAA级旅游区）。

大禹陵是我国古代治水英雄、开国圣君——大禹的葬地，位于绍兴市城东南郊会稽山景区内，主要由禹陵、禹祠、禹庙、享殿、禹陵村、禹裔馆和禹迹馆等几部分组成，为全国重点文物保护单位。从古至今，大禹陵不仅是人们祭祀、拜谒、瞻仰大禹的圣地，也是学习大禹品德，弘扬大禹精神的重要殿堂。

大禹陵

（2）鲁迅故里·沈园景区（AAAAA级旅游区）。

走进鲁迅故里，走进了绍兴的"镇城

鲁迅故里

之宝"，更让"民族脊梁"走近你。鲁迅是一本厚重的书，每一页都流淌着不一样的往事。鲁迅故里是绍兴市保存最完好、最具文化内涵和水城经典风貌的历史街区，不仅保持着鲁迅当年生活过的故居、祖居、三味书屋、百草园，还恢复了周家新台门、寿家台门、土谷祠、鲁迅笔下风情园等一批与鲁迅有关的古宅古迹。现在的鲁迅故里已成为一条独具江南风情、古城、文化的历史街区，成为一个原汁原味解读鲁迅作品、品味鲁迅笔下风物、立体感受鲁迅当年生活情境的真实场所。

沈园之所以闻名遐迩，是因为它承载着陆游与唐琬凄婉动人的爱情故事。或许是人世间本来就有很多人为情所困，在这个到处喧哗的环境里，能够找到一个地方，静下心来想一想，品味一下别人的伟大爱情。一首《钗头凤》，八百多年来，倾倒了无数才子佳人，成了千古名篇，沈园也因此成了千古名园，爱情名园。

（3）兰亭景区（AAAA级旅游区）。

兰亭，集千年日月之灵气，沉淀千年岁月之清韵古雅，书墨流香。兰亭的魅力，不仅因为山水竹林的清幽明净，更因为其历史文化的深厚悠远。兰亭因王羲之而扬名，王羲之也因兰亭而流芳。越王勾践植兰于此，汉代又建驿亭。鹅池、小兰亭、曲水流觞、

兰亭景区

王右军祠、驿亭、乐池、瓷砚馆、书法博物馆等景点都是一探这个书法圣地的好去处。

每年农历三月初三，兰亭都要举办规模盛大、影响广泛的中国兰亭书法节，海内外书坛名家雅集兰亭，研讨书学，泼墨挥毫，流觞赋诗，盛况非凡。

（4）上虞曹娥景区。

景区以"孝文化"为主题，以大舜庙、曹娥庙为核心，是人们休闲、娱乐、观光、游玩的综合性旅游胜地。曹娥庙至今已有1 800多年历史，素有"江南第一庙"之称。大舜庙、虞舜宗祠于2011年6月18日正式落成。无论是粗狂原始的石

雕、精美传神的铜雕，还是生动流畅的木雕、精心制作的楹联匾额，都完美地诠释了大舜庙的建筑思想和文化内涵。

（5）新昌大佛寺景区（AAAA级旅游区）。

大佛寺核心景区面积5平方千米。寺内开凿于南朝齐梁年间的大佛，距今已有1 500多年历史，世称"江南第一大佛"，与之毗邻的千佛院，有"越国敦煌"之美誉。另外，双林石

曹娥景区

大佛寺景区

窟——亚洲第一卧佛、佛心广场、般若谷、佛山圣境、木化石林恐龙园、射雕村等景点大大丰富了景区内涵。

（三）推荐线路

❶ 最佳文化游线路：古城文化体验游

线路设定：鲁迅故里→仓桥老街→书圣故里→八字桥水乡风情街。

行程亮点：绍兴古城是一座拥有超过2 500年建城史的原址地城市，城内尚有七大历史文化街区，270余处古建筑，拥有鲁迅故居、秋瑾故居、蔡元培故居等国家级重点文物保护单位，有"没有围墙的博物馆"美誉。在古城，乘坐绍兴特色三轮车、乌篷船或公共自行车，漫游历史文化街区，逛台门、走小巷、过老桥，让人有时空穿越的感觉。

❷ 最佳亲子游线路：跟着课本游绍兴

线路设定：鲁迅故里→兰亭→东湖→沈园→咸亨酒店。

行程亮点：跟着《从百草园到三味书屋》的描述，参观鲁迅诞生地和少年时代生活场景，体验三味书屋私塾，寻访百草园童趣；跟着《兰亭集序》的描述，感受翰墨飘香氛围、领略曲水流觞意境、体验书法交流情趣；跟着《社戏》中的场景描述，体验独一无二的水乡乌篷、看水乡社戏、体验水乡韵味；跟着《钗头凤》的描述，寻找陆游唐琬的爱情故事、观赏沈园之夜堂会；跟着《孔乙己》的情景描述，亲临孔乙己的曲尺柜台、品味绍兴传统美食。

❸ 最佳香榧游线路：会稽山古香榧群

线路设定：柯桥区千年香榧省级森林公园→诸暨国家森林公园→嵊州香榧省级森林公园。

行程亮点：会稽山由中生代火山岩组成，36条溪流流经此地。这里优良的气候条件和独特的地理环境，十分适宜香榧林的生长，因而形成了香榧的主产地。这里有30万亩香榧林，主要分布在诸暨市、柯桥区、嵊州市等地。有百年以上香榧树7.2万株、千年以上数千株，占全国香榧古树的85%左右。会稽山香榧林与古村落、小溪、山岚等构成独特的旅游景观，堪称活态遗产的世界标本。

❹ 最佳采摘游线路：四季仙果采摘游

绍兴每个季节都能品尝到最生态的水果，春季的桑葚（上虞的丁宅乡、柯桥的稽东镇）、樱桃（上虞的岭南乡、下管镇、陈溪乡、嵊州的泗古坪、诸暨的同山镇），夏天的杨梅（上虞的驿亭镇、嵊州的崇仁镇、湖塘街道）、蓝莓（新昌的沙溪镇）、葡萄（上虞的盖北镇、章镇镇、柯桥的兰亭、诸暨的斗岩、嵊州的施家岙）、西瓜（柯桥的孙端镇、新昌的回山镇）、水蜜桃（上虞的丁宅乡），秋天的板栗（上虞的虞南、嵊州的下王镇、柯桥的王坛镇）、黄花梨（上虞的谢塘镇、嵊州的崇仁镇广利）、柿子（上虞的长塘镇）、猕猴桃（上虞的章镇镇、上浦镇、嵊州的三界镇），冬天的草莓（上虞的丁宅乡、嵊州的浦口街道）。不同季节可编排不同的采摘游线路，让游客感受采摘的乐趣。

⑤ 最佳朝觐游线路：佛教文化朝觐游

线路设定：会稽山炉峰禅寺→柯岩圆善园→香林寺→五泄禅寺→上虞秀峰禅寺→新昌大佛寺。

行程亮点：登临会稽山，到炉峰禅寺祈福；走进柯岩、走进大香林、走进五泄，感受心香一瓣的禅意；拜谒新昌大佛寺，领略江南第一大佛的风采。

⑥ 最佳自驾游线路：唐诗之路探源游

线路设定：会稽山若耶溪→上虞东山→剡溪漂流→新昌大佛寺、沃洲湖、穿岩十九峰。

行程亮点：沿着唐诗之路，跟随李白、杜甫等唐代诗人的足迹，游览《采莲曲》中的若耶溪，典故"东山再起"的上虞东山，以及前往李白笔下剡溪，体验漂流的激情，荡舟沃洲湖，穿梭于十九峰。

⑦ 最佳体验游线路：品酒听戏鉴赏游

线路设定：黄酒博物馆→咸亨酒店→沈园之夜→嵊州越剧博物馆→越剧之家、越剧艺术中心。

行程亮点：游览最文学的商铺酒家百年咸亨，它浓缩着绍兴酒文化的醇厚韵味；前往黄酒博物馆欣赏酒店表演、花雕演示等，入夜在沈园聆听一场以爱情为主题，融合了绍兴越剧、莲花落等地方戏为一体的沈园之夜堂会，或在嵊州越剧博物馆、艺术中心欣赏水袖轻舞的越剧。

⑧ 最佳休闲游线路：运动养生休闲游

线路设定：会稽山旅游度假区高尔夫→鉴湖旅游度假区高尔夫、乔波冰雪世界→嵊州温泉度假。

行程亮点：走出户外，投身大自然。在会稽山、鉴湖两大旅游度假区开展一次高球之旅；乔波冰雪世界是华东最大的室内滑雪场，可体验冰雪两重天的季节穿越；到嵊州体验华东地区独特的碳酸温泉，享受无穷的乐趣。

（四）旅游时节

绍兴四季分明，全年皆宜旅游。绍兴处于中、北亚热带季风气候过渡地带，季风气候显著，四季分明，雨量充沛，日照丰富，湿润温和。

绍兴每年3~4月春暖花开，是旅游最好的时节。绍兴地区的诸暨市五泄景区是以自然风景取胜，每年的4~5月一般为丰水期，尤其遇到暴雨，水量增突，风景尤为秀丽，此时游览效果最佳。而兰亭国际书法节、吼山桃花节等著名节日庆典多于此时举行。度过梅雨时节，待到金秋十月，暑热渐退，所谓"十月小阳春"，正是出游的好时机，而且绍兴黄酒节、湖塘桂花节多在此时举办。

春暖花开

绍兴全年平均7月最热，1月最冷。

● 3~4月春暖花开，普通春装就可以，建议带上小外套，早晚有温差。

● 6月下旬~7月初是梅雨季节，8月上中旬是台风多发季节，常有飘泼大雨，此时游绍兴要带一把晴雨伞。

● 10~11月天气转凉，应多备些衣服。

● 12月至次年2月，绍兴的冬天如同江南其他地方一样是刺骨的湿冷，即使是北方人，也应穿一些厚实保暖的衣物。

莲花竞放

秋色宜人

银装素裹

（五）标签饮食

❶ 绍兴老酒

绍兴老酒品种颇丰，其中的古越龙山加饭酒和绍兴花雕坛酒最为知名。

绍兴老酒

❷ 绍兴茴香豆

绍兴四季常备的一种下酒菜，用干蚕豆与茴香、桂皮、食盐和食用山柰共同调制而成。

绍兴茴香豆

❸ 绍兴梅干菜

绍兴梅干菜分为白菜干、油菜干和芥菜干三种，味道隽美，开胃增食。

绍兴梅干菜

❹ 梅干菜扣肉

绍兴当地最有名的家常菜，精猪肋条肉切大块，用绍兴花雕酒和葱、姜腌半小时，拌菜而煮，油而不腻，肉沾菜香，味道鲜美。

梅干菜扣肉

❺ 糟肉

糟肉包括糟猪肉、糟牛肉、糟鸡肉、糟鸭肉、糟鸭掌、糟鸡胗、糟鸭胗、糟牛肝等，流行于嵊州、新昌一带，采用干糟法，又香又糯，不油不腻，可当冷菜食用，也可蒸后食用，都很好吃。

糟肉

⑥ 醉鸡

醉鸡是绍兴除夕夜饭及春节宴请中必不可少之菜肴，具有肉质细嫩，酒香醇厚的特点。

醉鸡

⑦ 醉蟹

相传为绍兴师爷所创，经选蟹、养蟹、制卤、浸泡、醉制等工序，清香肉活，味鲜吊舌。

醉蟹

⑧ 榨面

榨面烧煮方便，荤素皆宜，炒煮都可，并可做羹、菜。如加鸡蛋或打蛋花于榨面中煮，就叫鸡子榨面，在乡里是用来招待新女婿或贵客的点心。

榨面

⑨ 诸暨藤羹

诸暨藤羹是将籼米用水浸涨，磨成米浆，蒸制切丝晒干而成。一般在农历七月半时节，诸暨农村蒸藤羹作为点心招待客人，也作为礼物馈赠亲友。

诸暨藤羹

⑩ 绍兴腐乳

当地人叫"霉豆腐"，又有"素扎肉"的雅称。块块正方见角，质地松酥细腻，味道咸鲜合适，不失传统的酿造风格。

绍兴腐乳

⑪ 诸暨糖洋

诸暨人的特产。用自家种的大米磨粉，好吃实惠，可当早饭、点心吃，也可送人。

诸暨糖洋

（六）地方特产

① 香榧

香榧产自全球重要农业文化遗产地，风味独特、营养丰富，所含脂肪油以亚油酸等对人体有益的不饱和脂肪酸为主。著名品牌有：冠军、老何、山森、天珍、山娃子、藏天岗等。

香榧

② 茶叶

绍兴是中国的重要茶叶产区，茶类丰富，平水珠茶闻名天下，"大佛龙井"、"越乡龙井"、"绿剑"为浙江十大名茶，"日铸茶"、"泉岗煇白"为传统名茶，知名品牌还有"觉农舜毫"，以及堪称红茶珍品的"会稽红"红茶。

大佛龙井

③ 新昌小京生

新昌小京生形小壳薄，多用来炒食，香酥甜醇，风味特佳，有"长生果"之美称。民谚："常吃小京生，胜过滋补品，吃了小京生，天天不想荤"。

新昌小京生

④ 珍珠

绍兴是我国主要的淡水珍珠产地，尤其以诸暨山下湖最为集中。山下湖又称珍珠湖，不仅是因为该地盛产珍珠，而且山下湖还是目前我国最大的淡水珍珠集散地。珍珠产品更是琳琅满目，通过能工巧匠加工成各式各样的工艺品，成为人们所喜爱的收藏或赠品。

珍珠

❺ 越窑青瓷

　　越窑是我国古代最著名的青瓷窑系。东汉时，中国最早的瓷器在越窑的龙窑里烧制成功，因此，越窑青瓷被称为"母亲瓷"。越窑青瓷具有瓷釉晶莹锃亮、瓷质坚薄的特点，被古人赞美为"类冰似玉"。

越窑青瓷

（七）交通情况

❶ 航空

　　●杭州萧山国际机场（离绍兴40千米）

　　绍兴至萧山国际机场班车（途经柯桥区）

　　联系电话：0575-85135301 首班：6：00末班：18：30

　　地址：老城区火车站对面玛格丽特大酒店门口

　　●宁波栎社机场（离绍兴100千米）

　　绍兴至宁波机场：客运中心高速到宁波，再转车可到。

　　联系电话：0575-88056104

　　地址：绍兴市越城区中兴中路325号

❷ 铁路

　　萧甬铁路、杭甬高铁贯穿市境。绍兴西至杭州普通列车50分钟，高铁20分钟；东到宁波普通列车1小时12分钟，高铁40分钟。宁波始发的所有普通列车都经停绍兴站，高铁经停绍兴北站。

　　在绍兴可以预订杭州、上海始发全国各地车票。

　　绍兴火车站：乘2、4、51路可到。

　　绍兴北站：乘BRT1号线可到。

　　铁路网上订票：www.12306.cn

❸ 公路客运

单位	地址	电话（0575）	主要班线情况
绍兴市客运中心	中兴北路昌安环岛旁	88022222 88018852	省际：上海、江苏、安徽、河南、江西、北京、山东、广东、福建、四川 市际：杭州、宁波、嘉兴、湖州、温州、台州、舟山
绍兴市汽车东站	云东路156号	88650990	市内：上虞、嵊州、新昌
绍兴市汽车西站	城南大道1600号（杨绍公路与绍大线交叉口）	85158042	市际：金华、丽水、衢州、温州、台州、舟山 市内：诸暨

❹ 市内交通

• 公交车

绍兴市区内共有公交车线路七十多条，售票方式主要采取一票制和有人售票两种，一票制为1元，有人售票起步价为1元，刷IC卡可享受八折优惠，一个小时内换乘市区牌照的不同线路的公交车辆可享受减价5角的换乘优惠。

• 出租车

起步价每人7元/2.5千米，超2.5千米后每千米2.00元。

• 三轮车

通常起步价为5元，2千米以上大概需要6~7元，可自行商谈。

• 公共自行车

个人卡、游客卡办理：城市广场东、解放路人民路口（农业银行旁）办理。每次2小时内免费使用，超时后按1元/小时收取（不足1小时按1小时计），24小时内最高限额为10元。卡内余额低于20元暂停使用，请充值后再借车。游客卡为10元/天（不足24小时按24小时计）。

大事记

距今约9 000~11 000年前：浦江县上山遗址考古发现一万年前经过人类驯化的栽培稻和夹碳陶器、石磨棒、石磨盘等，表明会稽山区万年以前已有农业文明。

距今9 000多年前：嵊州市小黄山遗址发现大量储藏坑遗迹，出土石磨盘、磨石、夹砂红衣陶盆、罐等器物数百件和大量石料、陶片标本，在地层中发现大量稻属植物硅酸体，表明九千多年前会稽山先民已开始栽培水稻。

距今7 000多年前：余姚河姆渡遗址出土了骨器、陶器、玉器、木器等各类生产工具、生活用品、装饰工艺品以及人工栽培稻遗物、干栏式建筑构件，动植物遗骸等文物近7 000件，证明了早在六七千年前，会稽山区已经有了比较进步的原始文化，是中华民族文化的发祥地之一。

距今4 000年前：大禹率领民众，与自然灾害中的洪水斗争，获得胜利后到绍兴的茅山大会诸侯，计功封赏，并把茅山改成了会稽（计）山。

距今2 500年前：越王勾践从会稽山区迁移到海边，创建一座城市（越子城），大规模开发土地，通过养殖家畜、鱼类等，大力发展畜牧业和渔业，壮大经济，富国强兵，成为春秋五霸之一。勾践所筑的城市至今城址未变，就是现在的绍兴护城河里面的老城区。推测这一时期香榧开始人工栽培。

距今2 200年前：秦始皇上会稽，祭大禹，望于海，命丞相李斯立石刻颂秦德，这就是著名的会稽刻石。《史记·秦始皇本纪》载："三十七年十月癸丑，始皇出游。……上会稽，祭大禹，望于南海，而立石刻颂秦德。"

公元3~5世纪：魏晋南北朝时期，由于战乱，我国大量人口自北方南迁，会稽山地区人口进一步增长，经济开始超越北方。根据树龄测定，现存最古老的香

榧树始栽于这一时期。

公元581-907年前：隋唐时，由于中国重归统一，凭借崛起的经济地位和保持了较为完整的中华传统文明，南方地区的事件开始进入了主流文化系统，榧树果实可食用这一类事件也在这个时候开始有明确的记载。《本草拾遗》中言：“榧华即榧子之华也。与榧同，榧树似杉，子如长槟榔，食之肥美。”从此，香榧作为一个著名的地区干果品种而广为世人所知。

公元960-1279年前：进入宋代，对香榧的记载渐多，内容也日趋详细。北宋时，香榧已被视为珍果出现在公卿士大夫餐桌上。北宋诗人苏轼在《送郑户曹赋席上果得榧子》的诗中写道：“彼美玉山果，粲为金盘实。祝君如此果，德膏以自泽。愿君如此木，凛凛傲霜雪。”此后，《群芳谱》《广群芳谱》等农书均有榧树植物学性状和种类变异的记载。这些都说明，经过历代劳动人民长期的栽培驯化，在当时的会稽山地区已经有优良的香榧栽培品种。

公元1912年前：香榧在元、明、清时期开始大规模发展。明万历时《嵊县志》载：“榧子有粗细2种，嵊尤多。”说明400多年前嵊州已有细榧。清《乾隆诸暨县志》记载：“榧有粗细二种，以细者为佳，名曰香榧”。从此，“香榧”一名正式出现在文献之中。

1912-1949年：各种报刊对枫桥香榧的大量调查报告、通讯报道及学者论文记述皆反映了枫桥香榧当时的影响、舆论之广之大，生产销售之兴盛可见一斑。抗日战争和解放战争时期，香榧生产受到破坏，年产量不足200吨。

1954-1957年：据浙江省林业厅1958年资料，1954-1957年全省平均年产香榧312.72吨，这是香榧生产的短暂上升时期。

1982-1995年：农村实行家庭联产承包责任制，香榧生产经营权估产承包到户，香榧生产逐步恢复发展。

1999-2000年：香榧产量由149吨上升到600吨，5年平均达412.6吨，比此前44年的平均年产量高出74.83%。

1997年：诸暨市被国家林业局命名为“中国香榧之乡”。

2001年：由于管理的加强和授粉措施的普及，加上气候原因，使香榧获得空前大丰收，浙江省香榧总产量达到1 200吨，超历史最高产量1倍以上。

2003年：建立了浙江省第一个以经济树种（香榧）种质资源保护为主的东白山省级自然保护区。

2004年：嵊州市被国家林业局命名为"中国香榧之乡"。

2004年：诸暨香榧森林公园经浙江省林业厅批准，成为全国首个省级香榧森林公园。

2007年：绍兴县（现柯桥区）被国家林业局命名为"中国香榧之乡"；诸暨市被国家林业局命名为"中国香榧之都"。

2009年12月15日：国家林业局正式批准诸暨香榧森林公园为国家级森林公园，并定名为"浙江诸暨香榧国家森林公园"，

2010年：绍兴市香榧产量2 570吨，产值3.8亿元。香榧加工企业86家，年加工能力3 000吨，年加工能力10吨以上企业42家。有香榧注册商标60余只，其中中国驰名商标5只，省著名商标5只，浙江名牌4只。有"冠军"、"山娃子"、"长丰"等30多个专业合作社。

2011年1月："枫桥香榧"批准实施地理标志产品保护，成为诸暨市第一只实施国家地理标志产品保护的重点农产品。"枫桥香榧"地理标志产品保护产地范围为诸暨市枫桥镇、赵家镇、东白湖镇、陈宅镇、璜山镇、岭北镇、东和乡7个乡镇现辖行政区域，香榧林面积7 333公顷。

2011年7月：钱建民市长提出整合会稽山古香榧群涉及的三个县市的力量，申报世界遗产。

2011年10月16日：市政府在诸暨召开会稽山古香榧群申遗研讨会。

2011年11月1~3日：张校军副秘书长带队参加联合国粮农组织全球重要农业文化遗产保护中国项目办公室在云南省红河县召开的全球重要农业文化遗产保护会议。

2011年11月14日：钱建民市长主持召开会稽山古香榧群申遗工作协调会，明确各相关部门的职责和任务。

2011年12月1日：市政府发文件，成立绍兴市会稽山古香榧群申遗工作领导

小组，钱建民市长任组长，冯建荣副市长任副组长。

2011年12月17~19日：张校军副秘书长参加在日本举行的全球重要农业文化遗产保护国际论坛。

2011年12月28日：冯建荣副市长主持召开会稽山古香榧群申遗工作推进情况交流会。

2012年3月2~8日：参加由农业部主办的中华农耕文化展，会稽山古香榧群落系统在农业文化遗产保护成果展区展出。

2012年4月24日：张校军副秘书长主持召开会稽山古香榧群申遗工作交办会议，正式开始会稽山古香榧群中国重要农业文化遗产和全球重要农业文化遗产申报文本编制工作。

2012年5月：在《绍兴日报》《浙江日报》刊登启事，开展"会稽山·古香榧林"征文、摄影比赛。

2012年5月16日：市政府致函省文物局，要求向省政府推荐香榧群作为省级文保单位。

2012年6月：枫桥香榧采制技艺列入浙江省第四批非文化遗产保护名录。

2012年8月27~30日：在绍兴举办"香榧文化与香榧产业发展研讨会"和"全球重要农业文化遗产保护与管理国际研讨会"。

2012年11月9日：正式报告浙江省农业厅，请其向农业部转报绍兴会稽山古香榧群申报全球重要农业文化遗产报告。11月19日，浙江省农业厅致函农业部申请浙江绍兴会稽山古香榧群列入全球重要农业文化遗产保护试点。

2013年1月："香榧传说"列入绍兴市第五批非物质文化遗产。

2013年4月1日：省政府同意将绍兴会稽山古香榧种植园列为省级文物保护单位。

2013年4月：农业部正式向联合国粮农组织递交会稽山古香榧群全球重要农业文化遗产申报文本。

2013年5月8日：农业部公布会稽山古香榧群为中国重要农业文化遗产。

2013年5月21日：农业部在北京举行中国重要农业文化遗产授牌仪式，为会稽山古香榧群等首批中国重要农业文化遗产授牌。

2013年5月29日：在日本石川县举行的全球重要农业文化遗产国际论坛上，绍兴会稽山古香榧群被联合国粮农组织批准为全球重要农业文化遗产保护试点单位。

2013年6月5日：由农业部和联合国粮农组织联合主办的"全球重要农业文化遗产（GIAHS）"授牌仪式在北京人民大会堂举行。

2014年10月，香榧树被确定为绍兴市树。

附录3 全球 / 中国重要农业文化遗产名录

❶ 全球重要农业文化遗产

2002年，联合国粮农组织（FAO）发起了全球重要农业文化遗产（Globally Important Agricultural Heritage Systems, GIAHS）保护项目，旨在建立全球重要农业文化遗产及其有关的景观、生物多样性、知识和文化保护体系，并在世界范围内得到认可与保护，使之成为可持续管理的基础。

按照FAO的定义，GIAHS是"农村与其所处环境长期协同进化和动态适应下所形成的独特的土地利用系统和农业景观，这些系统与景观具有丰富的生物多样性，而且可以满足当地社会经济与文化发展的需要，有利于促进区域可持续发展。"

截至2014年年底，全球共13个国家的31项传统农业系统被列入GIAHS名录，其中11项在中国。

全球重要农业文化遗产（31项）

序号	区域	国家	系统名称	FAO批准年份
1			浙江青田稻鱼共生系统 Qingtian Rice–Fish Culture System	2005
2	亚洲	中国	云南红河哈尼稻作梯田系统 Honghe Hani Rice Terraces System	2010
3			江西万年稻作文化系统 Wannian Traditional Rice Culture System	2010
4			贵州从江侗乡稻—鱼—鸭系统 Congjiang Dong's Rice–Fish–Duck System	2011

序号	区域	国家	系统名称	FAO批准年份
5		中国	云南普洱古茶园与茶文化系统 Pu'er Traditional Tea Agrosystem	2012
6			内蒙古敖汉旱作农业系统 Aohan Dryland Farming System	2012
7			河北宣化城市传统葡萄园 Urban Agricultural Heritage of Xuanhua Grape Gardens	2013
8			浙江绍兴会稽山古香榧群 Shaoxing Kuaijishan Ancient Chinese Torreya	2013
9			陕西佳县古枣园 Jiaxian Traditional Chinese Date Gardens	2014
10			福建福州茉莉花与茶文化系统 Fuzhou Jasmine and Tea Culture System	2014
11	亚洲		江苏兴化垛田传统农业系统 Xinghua Duotian Agrosystem	2014
12		菲律宾	伊富高稻作梯田系统 Ifugao Rice Terraces	2005
13		印度	藏红花文化系统 Saffron Heritage of Kashmir	2011
14			科拉普特传统农业系统 Traditional Agriculture Systems, Koraput	2012
15			喀拉拉邦库塔纳德海平面下农耕文化系统 Kuttanad Below Sea Level Farming System	2013
16		日本	能登半岛山地与沿海乡村景观 Noto's Satoyama and Satoumi	2011
17			佐渡岛稻田—朱鹮共生系统 Sado's Satoyama in Harmony with Japanese Crested Ibis	2011
18			静冈县传统茶—草复合系统 Traditional Tea-Grass Integrated System in Shizuoka	2013

续表

序号	区域	国家	系统名称	FAO批准年份
19	亚洲	日本	大分县国东半岛林—农—渔复合系统 Kunisaki Peninsula Usa Integrated Forestry, Agriculture and Fisheries System	2013
20			熊本县阿苏可持续草地农业系统 Managing Aso Grasslands for Sustainable Agriculture	2013
21		韩国	济州岛石墙农业系统 Jeju Batdam Agricultural System	2014
22			青山岛板石梯田农作系统 Traditional Gudeuljang Irrigated Rice Terraces in Cheongsando	2014
23		伊朗	坎儿井灌溉系统 Qanat Irrigated Agricultural Heritage Systems of Kashan, Isfahan Province	2014
24	非洲	阿尔及利亚	埃尔韦德绿洲农业系统 Ghout System	2005
25		突尼斯	加法萨绿洲农业系统 Gafsa Oases	2005
26		肯尼亚	马赛草原游牧系统 Oldonyonokie/Olkeri Maasai Pastoralist Heritage Site	2008
27		坦桑尼亚	马赛游牧系统 Engaresero Maasai Pastoralist Heritage Area	2008
28			基哈巴农林复合系统 Shimbwe Juu Kihamba Agro-forestry Heritage Site	2008
29		摩洛哥	阿特拉斯山脉绿洲农业系统 Oases System in Atlas Mountains	2011
30	南美洲	秘鲁	安第斯高原农业系统 Andean Agriculture	2005
31		智利	智鲁岛屿农业系统 Chiloé Agriculture	2005

❷ 中国重要农业文化遗产

　　我国有着悠久灿烂的农耕文化历史，加上不同地区自然与人文的巨大差异，创造了种类繁多、特色明显、经济与生态价值高度统一的重要农业文化遗产。这些都是我国劳动人民凭借独特而多样的自然条件和他们的勤劳与智慧，创造出的农业文化的典范，蕴含着天人合一的哲学思想，具有较高的历史文化价值。农业部于2012年开始中国重要农业文化遗产发掘工作，旨在加强我国重要农业文化遗产的挖掘、保护、传承和利用，从而使中国成为世界上第一个开展国家级农业文化遗产评选与保护的国家。

中国重要农业文化遗产是指"人类与其所处环境长期协同发展中，创造并传承至今的独特的农业生产系统，这些系统具有丰富的农业生物多样性、传统知识与技术体系和独特的生态与文化景观等，对我国农业文化传承、农业可持续发展和农业功能拓展具有重要的科学价值和实践意义。"

截至2014年年底，全国共有39个传统农业系统被认定为中国重要农业文化遗产。

中国重要农业文化遗产（39项）

序号	省份	系统名称	农业部批准年份
1	天津	滨海崔庄古冬枣园	2014
2	河北	宣化传统葡萄园	2013
3		宽城传统板栗栽培系统	2014
4		涉县旱作梯田系统	2014
5	内蒙古	敖汉旱作农业系统	2013
6		阿鲁科尔沁草原游牧系统	2014
7	辽宁	鞍山南果梨栽培系统	2013
8		宽甸柱参传统栽培体系	2013
9	江苏	兴化垛田传统农业系统	2013
10		青田稻鱼共生系统	2013
11		绍兴会稽山古香榧群	2013
12	浙江	杭州西湖龙井茶文化系统	2014
13		湖州桑基鱼塘系统	2014
14		庆元香菇文化系统	2014
15	福建	福州茉莉花种植与茶文化系统	2013

续表

序号	省份	系统名称	农业部批准年份
16	福建	尤溪联合体梯田	2013
17		安溪铁观音茶文化系统	2014
18	江西	万年稻作文化系统	2013
19		崇义客家梯田系统	2014
20	山东	夏津黄河故道古桑树群	2014
21	湖北	羊楼洞砖茶文化系统	2014
22	湖南	新化紫鹊界梯田	2013
23		新晃侗藏红米种植系统	2014
24	广东	潮安凤凰单丛茶文化系统	2014
25	广西	龙脊梯田农业系统	2014
26	四川	江油辛夷花传统栽培体系	2014
27	云南	红河哈尼梯田系统	2013
28		普洱古茶园与茶文化系统	2013
29		漾濞核桃—作物复合系统	2013
30		广南八宝稻作生态系统	2014
31		剑川稻麦复种系统	2014
32	贵州	从江稻鱼鸭系统	2013
33	陕西	佳县古枣园	2013
34	甘肃	皋兰什川古梨园	2013
35		迭部扎尕那农林牧复合系统	2013
36		岷县当归种植系统	2014
37	宁夏	灵武长枣种植系统	2014
38	新疆	吐鲁番坎儿井农业系统	2013
39		哈密市哈密瓜栽培与贡瓜文化系统	2014